AUTODESK®
AUTOCAD®
電腦繪圖與輔助設計

適用AutoCAD 2021~2024
含國際認證模擬試題

電腦輔助製圖必修
原廠認證‧考試必備

序

本書適用於 AutoCAD 初學入門、學校課程教學、國際認證考試，以及自學者。內容圖文並茂，由簡入繁，本書依架構分為以下三個區塊：

第一～四章：介面與基礎繪圖、編輯指令操作教學，初入門者必看，在指令介紹後有延伸練習，可自我檢測是否已完整吸收該單元內容，第三章為參加認證考試作答時，所必須使用的各種查詢指令。

第五～十章：進階指令教學，為各個獨立單元工具，包括文字表格、尺寸、圖層、填充線、圖塊，可以讓電腦繪圖更加得心應手。

認證模擬練習：模擬練習試題可以檢驗出是否已瞭解 AutoCAD 的正確使用方式，並輔助讀者取得國際證照。

（未來考試版本將提升為 2024，因此本書改版重點為更換 2024 版本，但不影響認證考試題目之學習）

eelshop@yahoo.com.tw

目錄

第 1 章　認識 AutoCAD

第 2 章　繪製基本圖面

第 3 章　測量與性質修改

第 4 章　編輯指令

第 5 章　文字與表格

第 6 章　尺寸標註指令

第 7 章　圖層

第 8 章　填充線

第 9 章　圖塊

第 10 章　出圖

附錄 A　Autodesk 原廠國際認證簡介

▼線上下載

本書範例檔請至碁峰資訊網站
http://books.gotop.com.tw/download/AER060100 下載，其內容僅供
合法持有本書的讀者使用，未經授權不得抄襲、轉載或任意散佈。

CHAPTER 1

認識 AutoCAD

本章介紹

工欲善其事，必先利其器。在學習 AutoCAD 的初期，除了了解各個指令的使用方式之外，對於輸入介面的操作，與 AutoCAD 視窗中的界面配置更為重要。對於使用 AutoCAD 來設計平面圖的使用者來説，準確度與效率是最重要的要件。如何快速的找到所需的指令，如何串聯指令來構建目標造型，就是在學習 AutoCAD 的初期必須先克服的難關。

本章目標

在完成此一章節後，您將學會：

- 介面中各種工具的擺放位置，檔案的新建與儲存
- 滑鼠的操作
- 極座標、物件鎖點、物件鎖點追蹤、動態輸入的使用方式
- 運用直角座標與極座標，繪製斜線與角度線
- 物件選取方式

1-1 | 了解工作環境

▶ 本章重點區域

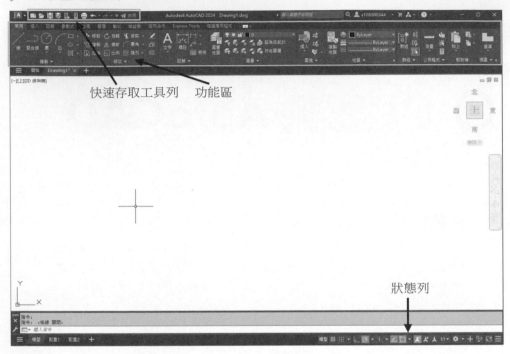

快速存取工具列　功能區

狀態列

▶ 工作區

　　工作區是指 AutoCAD 的介面環境，可以依照使用者目的或習慣來調整，顯示不同的功能區或工具列。

　　AutoCAD 的預設有下列三個工作區：

- 製圖與註解（用於繪製 2D）
- 3D 基礎
- 3D 塑型

▶ 切換工作區的方法

右下角點擊【 ⚙▾ 】，預設有三個工作區，也可以自由儲存新的工作區。

工作區切換 ⟶

▶ 切換預設工作區

製圖與註解：主要是 2D 繪圖工具介面，本書以此工作區為主

3D 基礎：3D 繪圖工具介面（簡易版）

3D 塑型：3D 繪圖工具介面

▶ 變換工具頁籤或面板

- 變換工具頁籤或面板：在功能區按下滑鼠右鍵，選擇【展示頁籤】或【展示面板】後，點選想要新增或移除的頁籤或面板即可。

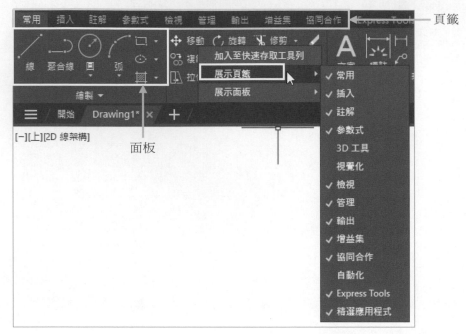

▶ 新增工作區

除了預設的工作區外，也可根據實際的需求，變換工作區的項目並儲存。

1. 在視窗右下角，按下 ⚙▾。

2. 點擊【另存目前工作區…】。

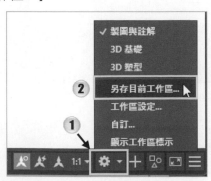

3. 輸入「2D 工作區」後按下【儲存】來新增自訂的工作區。

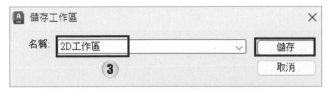

4. 完成圖。

▶ **狀態列常用設定**

1. 點擊狀態列最右側的【≡】按鈕 → 勾選【動態輸入】，可以在狀態列顯示此按鈕。

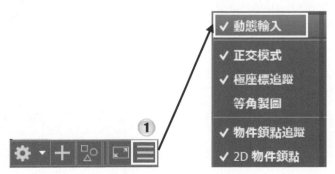

2. 開啟【極座標追蹤】、【物件鎖點】、【物件鎖點追蹤】、【動態輸入】（藍色圖示表示開啟，灰色圖示表示關閉）。點擊狀態列最右側的【≡】按鈕，可以自訂顯示在狀態列的按鈕。

▶ 物件鎖點的設定方法

開啟物件鎖點可抓取圖上的特殊點，繪製時可準確抓取所需要的點，以下將幫助你開啟最常用的鎖點模式。

1. 在【🔲▾ 物件鎖點】◀的圖示上，點擊右鍵選擇【物件鎖點設定...】。

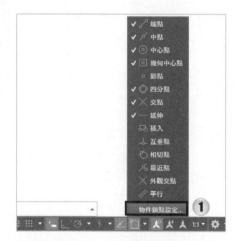

2. 參考右圖選項勾選，一般繪製時均保持勾選狀態，按下【確定】關閉視窗。

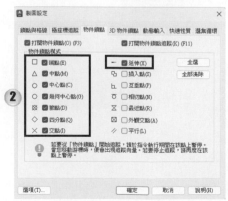

1-2 │ 檔案新建與儲存

▶ 檔案新建

1. 點擊快速存取工具列的【新建】按鈕，可以建立一個新圖檔。

2. 選取 acadiso.dwt 公制樣板檔，並點擊【開啟】，不同的樣板檔有不同的圖檔設定，acad.dwt 則是英制樣板檔。

3. 點擊狀態列【 ▦ 】按鈕，可關閉格線。（藍色表示開啟，灰色表示關閉）

▶ 儲存檔案

1. 點擊快速存取工具列的【儲存】按鈕，可以儲存目前圖檔。

2. 可以自行命名圖檔名稱。

3. 預設存檔類型與版本為 AutoCAD 2018 圖面（*.dwg），改為較低版本 AutoCAD2013/LT2013 圖面（*.dwg），點擊【儲存】。（需注意低版本無法開啟高版本檔案，所以才要降低儲存的版本）

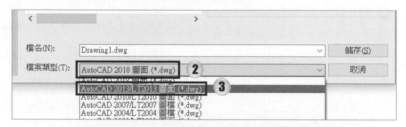

4. 檔案頁籤會顯示目前開啟的所有圖檔，點擊圖檔旁的打叉按鈕，可以關閉此圖檔。

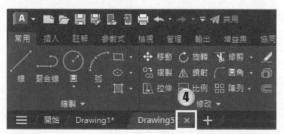

5. 上面步驟已經完成存檔動作，若關閉檔案時跳出此視窗，點擊【否】即可，除非有進行修改，才需要點擊【是】。

▶ 開啟舊檔

1. 點擊快速存取工具列的【開啟】按鈕。

2. 選擇先前儲存的 Drawing1.dwg 檔案，點擊【開啟】，可以開啟圖檔。

▶ 選項設定

1. 在繪圖區點擊滑鼠右鍵 →【選項】。

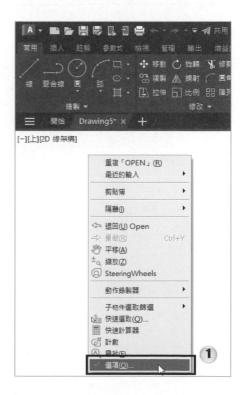

2.　選擇【開啟與儲存】頁籤，點擊另存
　　的下拉式選單，選擇 AutoCAD
　　2013，如此一來，以後儲存檔案預設
　　皆是 2013 版本。點擊底下【確定】
　　或按下 Enter 鍵關閉視窗。

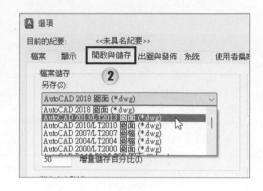

1-3 │ 滑鼠各功能鍵介紹

操作說明　滑鼠左鍵 - 繪製水平線

準備工作

● 　點擊【常用】頁籤 →【繪製】面板 →【線】按鈕。

正式操作

1.　點擊左鍵指定任一點為起點。

2. 將滑鼠往右側水平移動，會顯示一條無限長虛線，而十字游標會有被吸附至水平方向虛線的感覺，虛線為極座標追蹤。

3. 點擊左鍵來決定線段的終點。

4. 按下空白鍵或 [Enter] 來結束線的繪製。

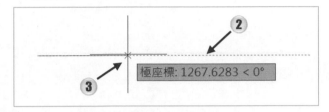

操作說明   **滑鼠左鍵 - 繪製圓形**

準備工作

● 點擊【常用】頁籤 → 【繪製】面板 → 【圓】按鈕。

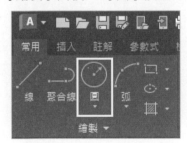

正式操作

1. 點擊任一點為圓的中心點。

2. 移動滑鼠產生的橡皮線來控制圓的大小。

3. 點擊左鍵來完成圓的繪製。

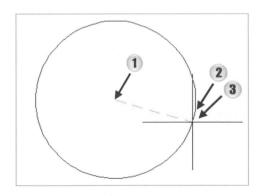

操作說明 滑鼠左鍵 - 選取物件

準備工作

● 任意繪製一個圓。

正式操作

1. 在圓上點擊滑鼠左鍵，圓呈現被選取狀態，圓變成藍色，且圓上與圓心出現藍色掣點。

2. 按下 Esc 鍵可以取消選取。

藍色掣點 ➡

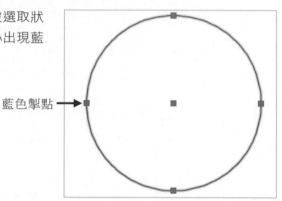

操作說明 滑鼠中鍵 - 縮放工具

準備工作

● 運用線與圓的指令，任意繪製多個物件組合的圖形，或直接開啟範例檔〈1-3_ex1.dwg〉。

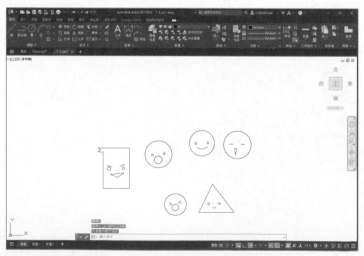

正式操作

1. 將滑鼠滾輪向上〈向前〉滾動,則畫面被放大,滑鼠游標位置為縮放中心點。

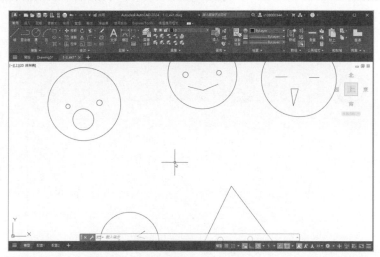

2. 將滑鼠中鍵向下〈向後〉滾動,則畫面被縮小。

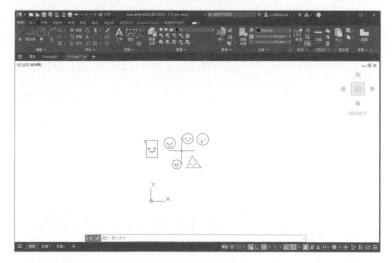

> **小秘訣**
>
> 若往下滾動滾輪,而畫面不會縮小時,可在指令區輸入「RE」,並按下 Enter 鍵執行重生指令,就可再度滾動滾輪來縮小畫面。
>
>

操作說明　滑鼠中鍵 - 圖形置中最大化

正式操作

1. 滑鼠中鍵快壓兩下，畫面會縮放到圖面的實際範圍，所有圖元都會顯示在圖面中。

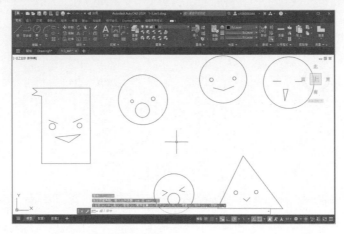

操作說明　滑鼠中鍵 - 畫面平移

準備工作

● 延續上一小節的圖來操作。

正式操作

1. 按壓滑鼠中鍵，滑鼠游標會變換為手型圖示，此時進入平移狀態，不要放開中鍵，將滑鼠向左移動，則畫面向左平移。

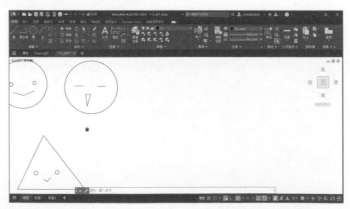

2. 按壓滑鼠中鍵，滑鼠游標會變換為手型圖示，此時進入平移狀態，不要放開中鍵，將滑鼠向右移動，則畫面向右平移。

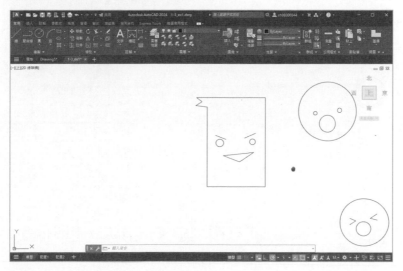

操作說明 滑鼠中鍵 - 3D 環轉

1. 滑鼠中鍵快壓兩下，畫面縮放到圖面的實際範圍。
2. 按住 Shift + 滑鼠中鍵 ，將滑鼠向上（向前）移動，畫面會呈現 3D 顯示模式。

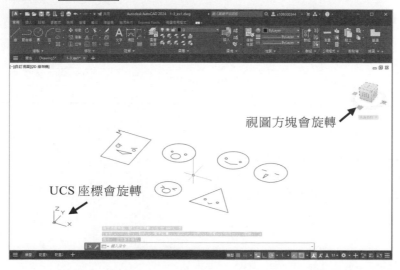

視圖方塊會旋轉

UCS 座標會旋轉

3. 點擊繪圖區左上角的【自訂視圖】，選擇【上】，
   則畫面會回到 2D 視圖上。

操作說明 滑鼠右鍵 - 不在指令中（不須執行繪圖指令）

準備工作

● 點擊【常用】頁籤 →【繪製】面板 →【圓】按鈕，任意繪製一個圓。

正式操作

1. 在圓上點擊滑鼠左鍵，選取
   圓。

2. 點擊滑鼠右鍵→【剪貼簿】
   →【與基準點一起複製】。

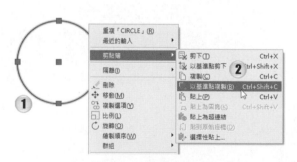

3. 點擊圓的左邊四分點，指定
   基準點。

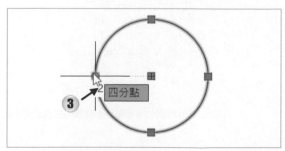

4. 點擊滑鼠右鍵 →【剪貼簿】
→【貼上】。

| 小秘訣 | 也可直接按下 Ctrl + V 鍵貼上圓。 |

5. 點擊要貼上的四分點位置。

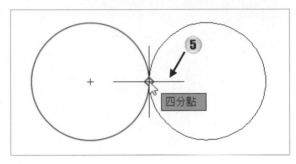

四分點

6. 完成圖。

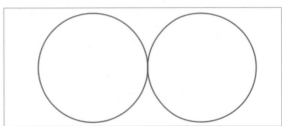

操作說明　滑鼠右鍵 - 在指令中（執行指令時按右鍵）

準備工作

● 點擊【線】指令，任意
繪製線段，如右圖所
示。

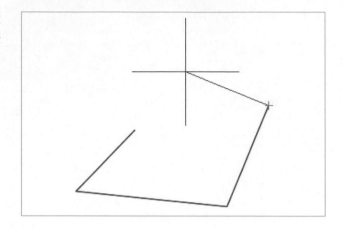

正式操作

1. 在線指令未結束的情況下，在畫面中按下滑鼠右鍵，點擊【封閉】。

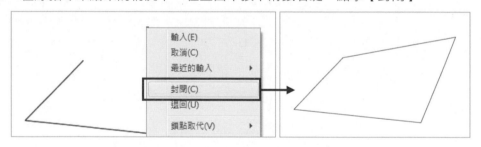

小提醒　在【線】的指令中才可選擇【封閉】與【退回】，在不同的指令下按下滑
鼠右鍵出現的內容也會不同。

小秘訣　按下 Ctrl + Z 可復原步驟，按下 Ctrl + Y 可重做步驟。

1-4 │ 關於極座標追蹤

若開啟極座標追蹤，當滑鼠移動到你所選擇追蹤的角度，會出現一條虛線，讓使用者可以準確快速地繪製出所需的角度，極座標追蹤可以設定為常用的角度，通常會設定為 90 度。

名稱	極座標追蹤	快捷鍵	F10	圖示	
工具列按鈕	狀態列 → 極座標追蹤 				

操作說明 　極座標角度追蹤 - 繪製角度 30 的線段

準備工作

- 任意繪製一條水平線。
- 將【極座標追蹤】開啟，並點擊右鍵 → 選擇【30】度。
- 開啟狀態列的【物件鎖點】。
- 點擊【常用】頁籤 →【繪製】面板 →【線】按鈕。

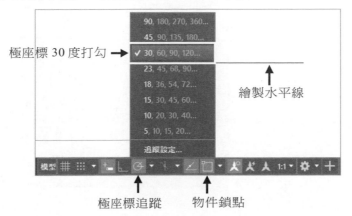

正式操作

1. 滑鼠點擊水平線段的左方端點。

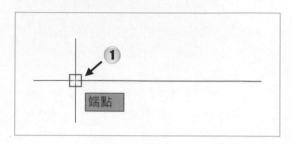

2. 將滑鼠往右上方移動，將會出現 30 度的極座標虛線。沿著綠色虛線滑動到所需長度後，點擊滑鼠左鍵一下。

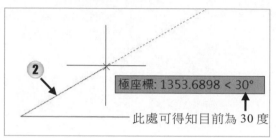

3. 按下空白鍵或 Enter 鍵來結束線段指令。

4. 完成 30 度線的繪製。（角度尺寸請參考第六章尺寸標註指令）

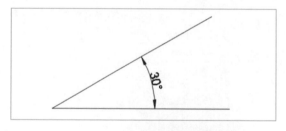

5. 在狀態列的極座標追蹤上點擊右鍵，勾選 90 度，調整回來。

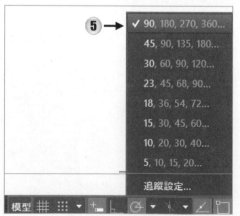

1-5 │ 關於物件鎖點

名稱	物件鎖點	快捷鍵	F3	圖示	
工具列按鈕	狀態列 → 物件鎖點				

▶ **物件鎖點模式說明**

類型	物件鎖點模式	符號	解說
常駐型	端點	□	將滑鼠移到物件的角點或直線的兩端，會出現端點
	中點	△	將滑鼠移到任意線段靠近中間的位置則會出現中點
	中心點	○	將滑鼠移到圓周上則圓心會出現中心點，圓心即是中心點
	幾何中心點	○	鎖點到封閉聚合線與雲形線的中心點
	節點	⊠	線段等分或等距後所產生的點
	四分點	◇	將滑鼠移到圓的上下左右則會出現四分點
	交點	✕	將滑鼠移到圖元相交處則會出現交點
暫時型	延伸線	---	將滑鼠移到想延伸的目標點，接著順著目標的圖元方向滑動十字游標，則會出現延伸線
	插入點	⤵	圖塊上的基準點
	互垂	⌐	可用於繪製一條與目標圖元互相垂直的線
	相切	○	鎖點至兩個圖元之間的相切點
	最近點	⊠	圖元上的任意點
	交點	⊠	3D 繪圖上使用的投影式交點
	平行	∥	可用於繪製一條與目標圖元互相平行的線

操作說明　常駐型－端點

準備工作

- 任意繪製一矩形（矩形繪製可參考第 2-7 章節）。
- 開啟狀態列的【物件鎖點】。
- 點擊【常用】頁籤 →【繪製】面板 →【圓】按鈕。

正式操作

1. 滑鼠移動到矩形的右上角，可以鎖點至端點。（會出現綠色的矩形框，表示端點符號，不同的鎖點圖形不同）

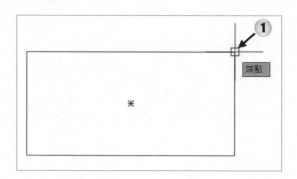

2. 在端點上按下滑鼠左鍵來指定圓的中心點。
3. 移動滑鼠並點擊左鍵決定圓的大小。

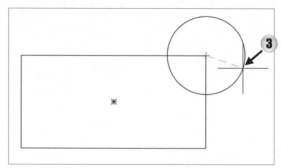

操作說明　常駐型－中點

準備工作

- 延續上一小節之矩形。
- 開啟狀態列的【物件鎖點】。
- 點擊【常用】頁籤 →【繪製】面板 →【線】按鈕。

正式操作

1. 將滑鼠移動到矩形上方線條的中點位置,並點擊滑鼠左鍵。

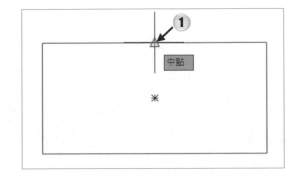

2. 將滑鼠向下移動。

3. 點擊矩形下方線條的中點位置,按下 Enter 鍵來結束線段繪製。

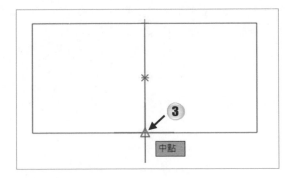

4. 按下 Enter 鍵或空白鍵可以重複上一次的【線】指令。

5. 點擊矩形左方線條的中點位置。

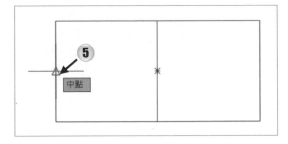

6. 將滑鼠向右移動。

7. 點擊矩形右方線條的中點位置,按下 Enter 鍵來結束線段繪製。

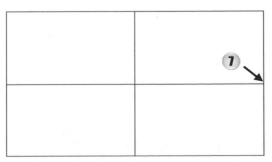

操作說明	常駐型 - 中心點

準備工作

- 任意繪製兩個圓。
- 開啟狀態列的【物件鎖點】。
- 點擊【常用】頁籤 →【繪製】面板 →【線】按鈕。

正式操作

1. 將滑鼠移動至第一顆圓的邊
   緣，滑鼠作停留非點擊，則會
   出現中心點（圓心）。

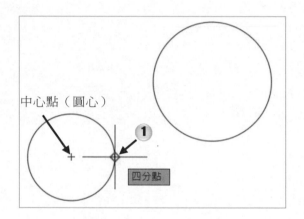

2. 點擊第一顆圓的中心點。

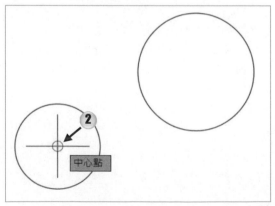

3. 將滑鼠移動至第二顆圓的邊緣，則會出現中心點。

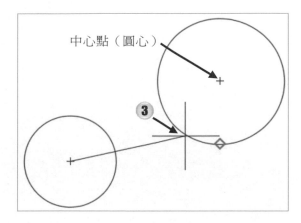

4. 點擊第二顆圓的中心點，按下 Enter 鍵來結束線段繪製。

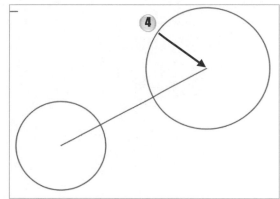

操作說明　常駐型 - 四分點

準備工作

- 任意繪製一個圓。
- 開啟狀態列的【物件鎖點】。
- 點擊【常用】頁籤 →【繪製】面板 →【線】按鈕。

正式操作

1. 將滑鼠移動至圓的左方,則會出現四分點。

2. 點擊滑鼠左鍵來指定線的起點。

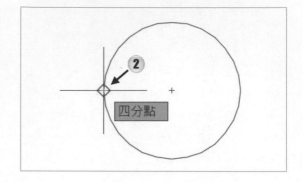

3. 將滑鼠移動至圓的上方,則會出現另一個四分點。

4. 點擊滑鼠左鍵來指定線的第二點。

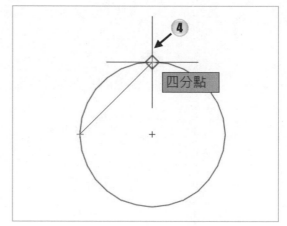

5. 繼續點擊圓的右方四分點。

6. 再點擊下方四分點,按下 Enter 鍵來結束線段繪製。

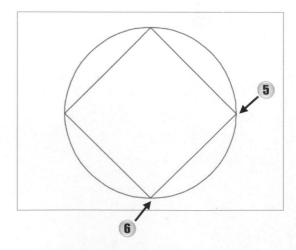

操作說明　常駐型 - 交點

準備工作

● 開啟狀態列的【物件鎖點】。

● 點擊【常用】頁籤 →【繪製】面板 →【線】按鈕。

正式操作

1. 任意繪製兩條交叉的線段，如右圖所示。

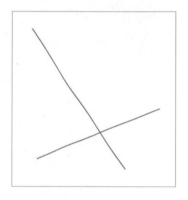

2. 點擊【常用】頁籤 →【繪製】面板 →【圓】按鈕。

3. 將滑鼠移動到兩條線的交接處，則會出現交點。

4. 點擊滑鼠左鍵來指定圓的中心點位置。

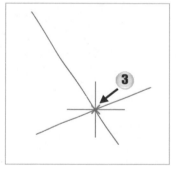

5. 向外繪製一個圓。

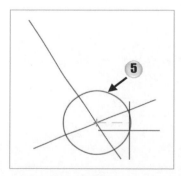

操作說明 　暫時型 - 延伸線

準備工作

- 任意繪製一條斜線。
- 開啟狀態列的【物件鎖點】。
- 點擊【常用】頁籤 →【繪製】面板 →【圓】按鈕。

正式操作

1. 將滑鼠移到線右邊的端點，滑鼠作停留不點擊。

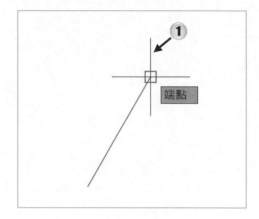

2. 將滑鼠往右上方移動，則會出現延伸線。

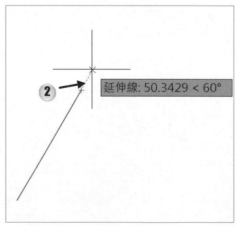

3. 點擊左鍵指定延伸線上的任一點為圓的中心點。

4. 向外繪製一個圓。

小提醒	正在繪製圓形時，如果物件鎖點沒開，可按 Shift + 滑鼠右鍵 或是滑鼠右鍵+【鎖點取代】，即可找到所需要的物件鎖點選項，並且鎖點一次。

操作說明　暫時型 - 互垂

準備工作

● 延續上一小節的斜線。

● 開啟狀態列的【物件鎖點】。

● 點擊【常用】頁籤 →【繪製】面板 →【線】按鈕。

正式操作

1. 點擊線外任一點為起點。

2. 按住 Shift + 滑鼠右鍵 。

3. 選擇【互垂】。

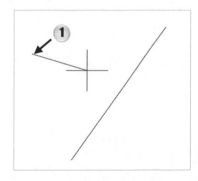

4. 將滑鼠移到線段上方則會產生互垂
   點記號。

5. 點擊滑鼠左鍵，可以鎖點至互垂點。

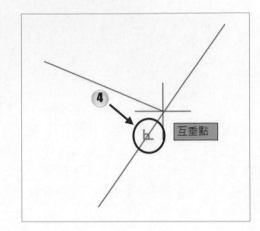

6. 按下 Enter 鍵來結束線段繪製。

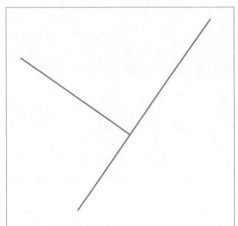

操作說明　暫時型 - 相切

準備工作

● 任意繪製兩個圓。

● 開啟狀態列的【物件鎖點】。

● 點擊【常用】頁籤 → 【繪製】面板 → 【線】按鈕。

正式操作

1. 按住 Shift + 滑鼠右鍵 。

2. 選擇【切點】。

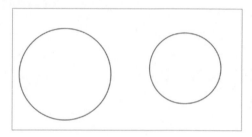 

3. 點擊左側圓的上方來決定相切的位置。

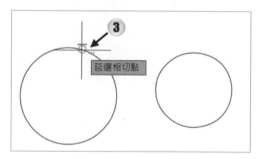

4. 按住 Shift + 滑鼠右鍵 。

5. 選擇【切點】。

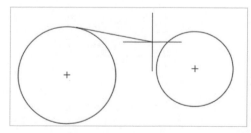 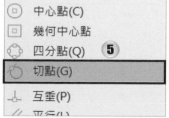

6. 點擊右側圓的上方，會自動鎖點至相切位置。

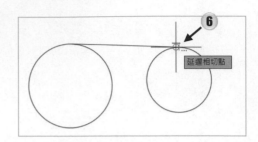

7. 按下 Enter 鍵來結束線段繪製，可自行練習下方相切線的繪製。

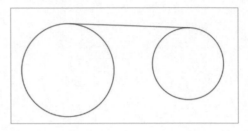

操作說明　暫時型 - 最近點

準備工作

● 任意繪製兩條線。

● 開啟狀態列的【物件鎖點】。

● 點擊【常用】頁籤 →【繪製】面板 →【線】按鈕。

正式操作

1. 按住 Shift + 滑鼠右鍵 。

2. 選擇【最近點】。

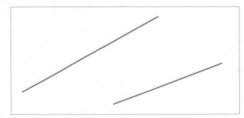

3. 點擊第一條線的任意位置，都可指定為最近點。

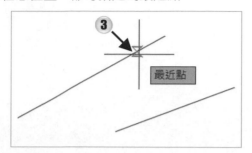

4. 按住 Shift + 滑鼠右鍵 。

5. 選擇【最近點】。

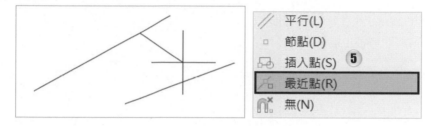

6. 選擇第二條線的任意位置，都可指定為最近點。

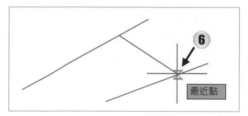

7. 按下 Enter 鍵來結束線段繪製。

操作說明

準備工作

* 延續上一小節的物件。

* 開啟狀態列的【物件鎖點】。

* 點擊【常用】頁籤 → 【繪製】面板 → 【線】按鈕。

正式操作

1. 按住 Shift 鍵+滑鼠右鍵，選擇【最近點】。指定任一點為起點。

2. 按住 Shift 鍵+滑鼠右鍵。

3. 選擇【平行】。

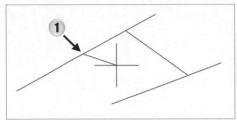 

4. 將滑鼠移動到要平行的目標做停留動作而非點擊。

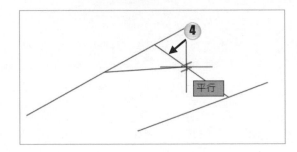

5. 再將滑鼠向下移動，則會出現平行線虛線。

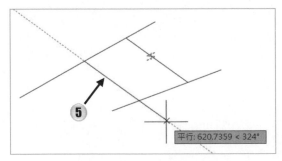

6. 點擊滑鼠左鍵來決定線段的長度。

7. 按下 Enter 鍵來結束線段繪製。

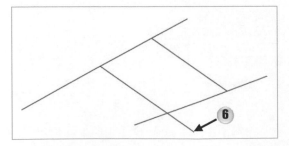

| 操作說明 | 暫時型 - 插入點 |

準備工作

- 點擊快速存取工具列的【📁（開啟）】按鈕，開啟範例檔〈1-5_ex1.dwg〉。
- 開啟狀態列的【物件鎖點】。
- 點擊【常用】頁籤→【測量】下拉選單→【距離】按鈕。

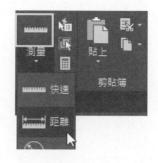

正式操作

1. 按住 Shift + 滑鼠右鍵。
2. 選擇【插入點】。

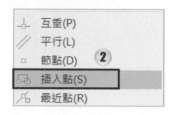

3. 滑鼠移動到上方椅子邊線上，偵測到椅子插入點後點擊左鍵。

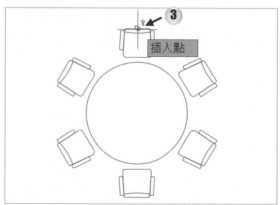

4. 按住 Shift + 滑鼠右鍵。
5. 選擇【插入點】。

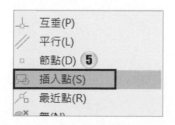

6. 滑鼠移動到右上方椅子邊線
   上，偵測到椅子插入點後點擊
   左鍵。

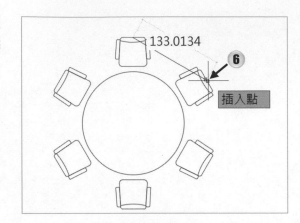

7. 可以得知兩個椅子插入點之間
   的距離為「133.0134」，水平
   距離為「115.193」，垂直距離
   為「66.5067」，按下 Esc 鍵
   可結束指令。

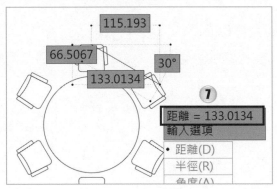

1-6 | 關於物件鎖點追蹤

用於將十字游標停留在物件鎖點上，滑行後產生追蹤虛線，追蹤的動作是將滑鼠做停留動作而非點擊。

名稱	物件鎖點追蹤	快捷鍵	F11	圖示	
工具列按鈕	狀態列 → 物件鎖點追蹤				

操作說明 **十字追蹤 - 由端點追蹤**

準備工作

- 繪製如右圖所示之垂直線段，直線為任意長度。
- 開啟狀態列的【極座標追蹤】、【物件鎖點】、【物件鎖點追蹤】。
- 點擊【常用】頁籤 →【繪製】面板 →【線】按鈕。

正式操作

1. 滑鼠點擊右邊線段下方的端點。

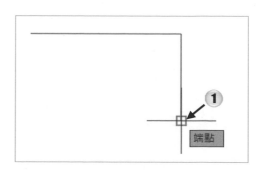

2. 將滑鼠移動到上方線段左邊的端點，做停留動作而非點擊。

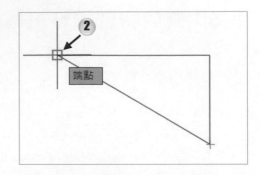

3. 滑鼠向下移動，則會有極座標虛線出現。

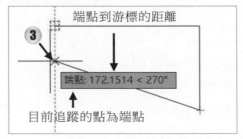

4. 將滑鼠向下移動，則會與右下端點的極座標追蹤相交產生交點。

5. 在交點上點擊滑鼠左鍵。

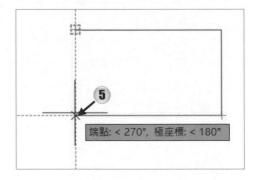

6. 滑鼠向上移動至端點，並點擊滑鼠左鍵封閉矩形。

7. 按下 Enter 鍵結束繪製。

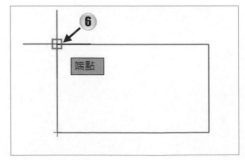

> **操作說明** 十字追蹤 - 1 個以上的追蹤點

準備工作

- 延續上一小節之物件。
- 開啟狀態列的【物件鎖點】、【物件鎖點追蹤】。
- 點擊【常用】頁籤 → 【繪製】面板 → 【圓】按鈕。

正式操作

1. 將滑鼠移動到矩形上方線條的中點位置,做停留動作而非點擊。

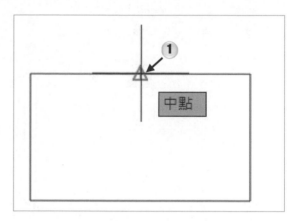

2. 將滑鼠垂直往下移動。

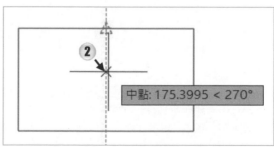

3. 將滑鼠移動到矩形左方線條的中點位置,做停留動作而非點擊。

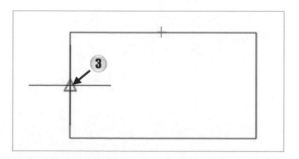

4. 將滑鼠水平往右移動，直到產生交點為止。

5. 點擊滑鼠左鍵來指定圓的中心點。

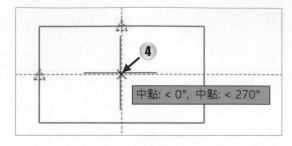

中點: < 0°, 中點: < 270°

6. 將滑鼠向外移動。

7. 點擊滑鼠左鍵來繪製圓，即可將圓形繪製在矩形中心點。

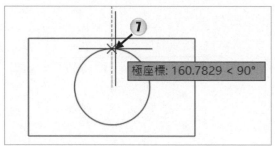

極座標: 160.7829 < 90°

8. 完成圖。

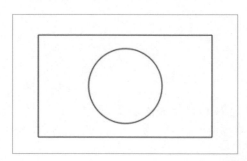

小秘訣

若有勾選物件鎖點的【幾何中心點】，則可以直接鎖點至矩形中心點，不需使用物件鎖點追蹤。若是自行繪製四條線完成的矩形，則無法鎖點到幾何中心點。

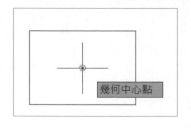

幾何中心點

✓ 端點
✓ 中點
✓ 中心點
✓ 幾何中心點
  節點
✓ 四分點
✓ 交點
✓ 延伸
  插入
  互垂點
  相切點
  最近點
  外觀交點
  平行
物件鎖點設定...

操作說明　物件鎖點追蹤 - 距離追蹤

準備工作

- 繪製一個半徑 50 的圓，或直接開啟範例檔〈1-6_ex1.dwg〉。
- 開啟狀態列的【物件鎖點】、【物件鎖點追蹤】。
- 點擊【常用】頁籤 → 【繪製】面板 → 【圓】按鈕。

正式操作

1. 將滑鼠移到圓的四分點，做停留動作而非點擊。

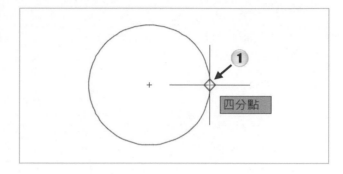

2. 將滑鼠向右移動，則會出現一條鎖點追蹤虛線。

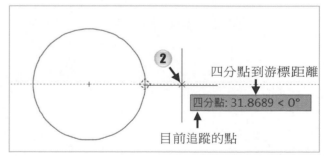

3. 輸入「50」為距離的數值〈此動作設定圓的四分點與新建立圓的中心點距離為 50〉。

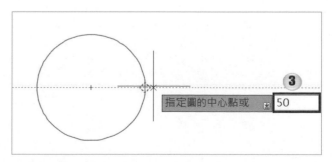

4. 按下 Enter 鍵。

5. 輸入「20」為圓形半徑
   的數值。

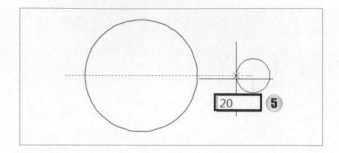

6. 按下 Enter 鍵來結束圓
   繪製。

7. 完成圖。（尺寸標註請
   參考第六章節）

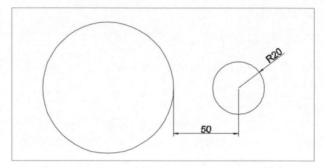

1-7 | 關於動態輸入

動態輸入可以説是繪製圖元時的抬頭顯示器,所有操作時的提示訊息,會顯示在繪圖區域中,可以讓使用者在繪圖時不需往下看指令區的內容,就能輸入操作。

名稱	動態輸入	快捷鍵	F12	圖示	
工具列按鈕	狀態列 → 動態輸入				

操作說明　動態輸入的運用

準備工作

* 開啟狀態列的【動態輸入】。
* 點擊【常用】頁籤 →【繪製】面板 →【線】按鈕。

正式操作

1. 指定任一點為線的起點。
2. 將滑鼠向右下移動。
3. 輸入「100」為距離的數值。

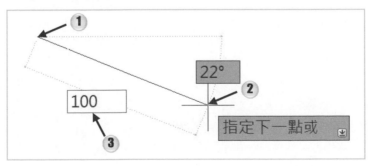

4. 按下 Tab 鍵，角度的數值會呈現反白狀態，此時可指定角度的數值。

5. 輸入「45」為角度數值，按下 Enter 鍵來結束線繪製。

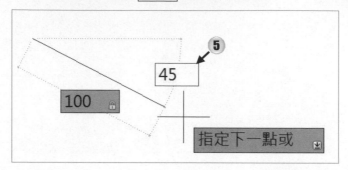

6. 選取線段，滑鼠停留在右下角端點（藍色掣點）不要點擊，可得知線段長度為 100 角度 45 度。

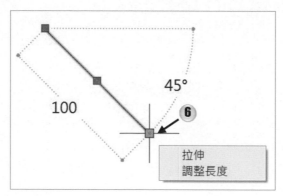

輸入角度時，根據滑鼠的位置，線段會有不同方向的角度。

小秘訣

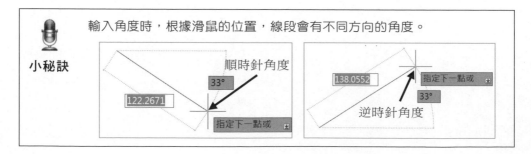

1-8 │ 座標系統

選項	公式	解說
相對極座標	@距離<角度	距離為線的長度，角度為與 X 軸正向的夾角，角度的計算原則是逆時針為正。
相對直角座標	@X 距離, Y 距離	相對於前一個點的座標距離。
絕對直角座標	#X 距離, Y 距離	從原點測量的 X 與 Y 軸的座標距離。

操作說明 相對極座標 - 繪製距離 100、角度 50 的線

準備工作

* 開啟狀態列的【動態輸入】。
* 點擊【常用】頁籤 →【繪製】面板 →【線】按鈕。

正式操作

1. 指定任一點為線的起點。
2. 輸入「@100<45」來指定相對極座標公式。
3. 按下 Enter 鍵來結束線繪製。

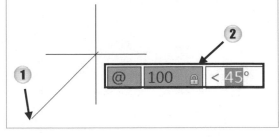

4. 選取線段，滑鼠停留在右上角端點（藍色掣點）不要點擊，可得知線段長度為 100 角度 45度。

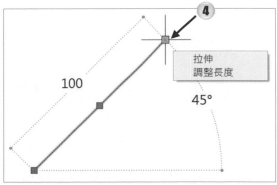

小提醒

相對極座標是逆時針為正向、順時針為負向。

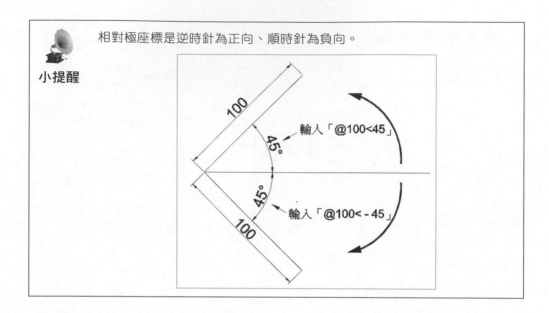

輸入「@100<45」

45°

100

45°

100

輸入「@100< - 45」

操作說明　　**絕對直角座標**

準備工作

● 開啟狀態列的【動態輸入】。

● 開啟範例檔〈1-8_ex1.dwg〉，有一個 12x12 的格子圖示，紅色線的十字交點已經擺放在原點（0,0）位置，每個格子的間隔為 1。

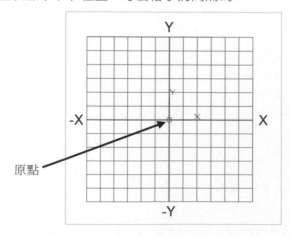

原點

正式操作

1. 點擊【常用】頁籤 →【繪製】面板 →【線】按鈕。

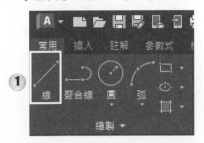

2. 絕對座標是從原點測量的距離，水平為 X 軸，垂直為 Y 軸，往右與往上為正數值，反方向則為負值。

3. 輸入「#0,0」並按下 Enter 鍵，使線段第一點為原點。

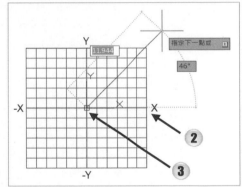

4. 輸入「#5,3」並按下 Enter 鍵，線段第二點會落在距離原點 X＝5，Y＝3 的線段交點。

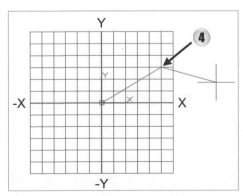

5. 輸入「#3,-5」並按下 ⌗Enter⌗ 鍵，線段第三點會落在 X＝3，Y＝-5 的位置。

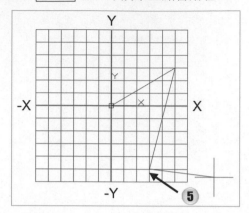

6. 輸入「#-6,-1」並按下 ⌗Enter⌗ 鍵，線段第四點會落在 X＝-6，Y＝-1 的位置。按下 ⌗Enter⌗ 鍵結束線指令。

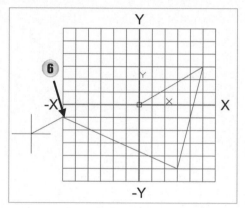

操作說明　**相對直角座標**

準備工作

● 延續上一小節檔案，把先前繪製的線段刪除，或重新開啟〈1-8_ex1.dwg〉。

● 點擊【常用】頁籤 →【繪製】面板 →【線】按鈕。

正式操作

1. 點擊左下角點,作為線段第一點。

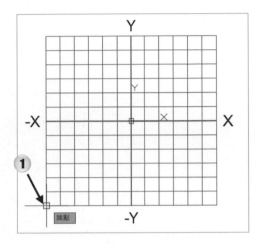

2. 輸入「@12, 2」並按下 Enter 鍵。
   將線段第一點當作原點,線段第二點
   會在距離第一點的 X=12,Y=2 的
   位置上。

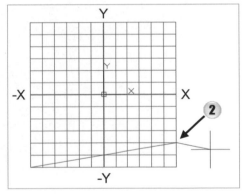

3. 輸入「@-1, 4」並按下 Enter 鍵。
   將線段第二點當作原點,線段第三點
   會在距離第二點的 X=-1,Y=4 的位
   置上。按下 Enter 鍵結束線指令。

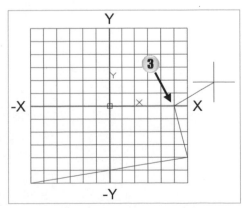

4. 完成圖。（尺寸標註請參考第六章）

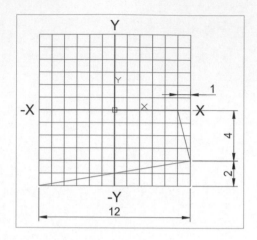

小提醒

狀態列【動態輸入】開啟的狀態下：

- 絕對直角座標公式為「#X，Y」
- 相對直角座標公式為「X，Y」或「@X，Y」

【動態輸入】關閉的狀態下：

- 絕對直角座標公式為「X，Y」
- 相對直角座標公式為「@X，Y」

1-9 基本選取方式

操作說明　移除選取

準備工作

● 開啟範例檔〈1-9_ex1.dwg〉。

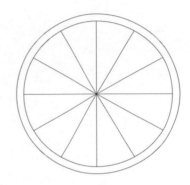

正式操作

1. 框選整個範例檔。（或按下 Ctrl + A 全選範例檔中所有物件）

2. 被選取的物件會呈現藍色，且會出現藍色掣點。

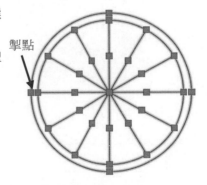

掣點

3. 按住 Shift 鍵，滑鼠左鍵來點擊外圍的圓（不要點擊到掣點），取消選取外圍的圓。

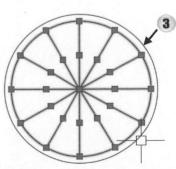

4. 按住 Shift 鍵，滑鼠左鍵點擊內圈的圓，來
   取消選取內圈的圓。

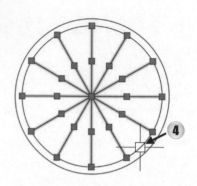

5. 按下 Delete 鍵來刪除目前選取的線條。
6. 完成圖。

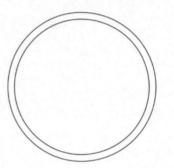

操作說明　**框選**

準備工作

● 任意繪製多個圓並在外圍繪製一個矩形外框，如下圖所示。

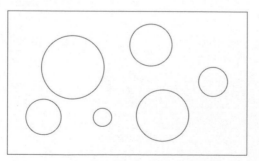

正式操作

1. 以滑鼠左鍵點擊右上方位置（滑鼠不需要持續按住）。

2. 滑鼠往左下方移動，此時會建立一個綠色的框選範圍，此功能會選取到接觸到的圖元與包覆在內部的圖元。

3. 點擊滑鼠左鍵來決定框選的大小。

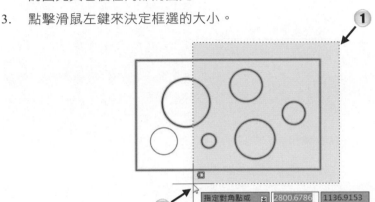

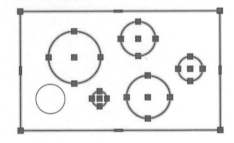

4. 完成圖，選取到的物件會呈現藍色。

5. 按下 Esc 鍵可以取消選取。

框選會將已碰到的物件做選取動作。選取時不要按住滑鼠左鍵不放。

小提醒

操作說明 **窗選**

準備工作

● 延續上一小節的圖元來操作，按下鍵盤的 Esc 鍵取消選取。

正式操作

1. 以滑鼠左鍵點擊左上方位置。

2. 滑鼠往右下方移動，此時會建立一個藍色的框選範圍，此功能只會將完全包覆在矩形內的物件做選取動作，窗選模式的選取範圍較小，接觸到的圖元並不會納入選集。

3. 點擊滑鼠左鍵來決定窗選的大小。

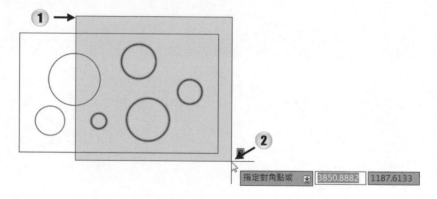

4. 完成圖。按下 Esc 鍵可以取消選取。

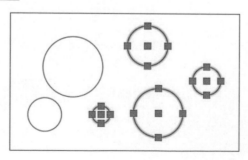

小提醒

1. 窗選只會將包覆在選取範圍內的物件做選取動作。選取時不要按住滑鼠左鍵不放。

2. AutoCAD 新版本新增套索選取功能。按住滑鼠左鍵不放拖曳滑鼠，將要選取的物件圈起來即可選取。往右套索選取為窗選，往左為框選。

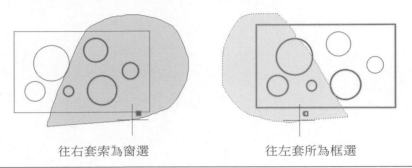

往右套索為窗選　　　　　往左套所為框選

操作說明 **快速選取**

準備工作

● 開啟範例檔〈快速選取.dwg〉，檔案中有紅色以及青色的線。

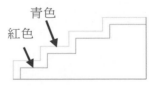

青色
紅色

正式操作

1. 選取紅色的線後，在【常用】頁籤→【性質】面板，可以發現物件性質為紅色。

2. 按下 Esc 鍵取消選取後，選取青色的線，在【常用】頁籤→【性質】面板，可以發現物件性質為青色。

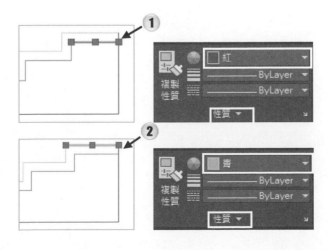

3. 按下 Esc 鍵取消選取後，點擊滑
   鼠右鍵 →【快速選取】。

4. 將【套用至】選擇「整個圖面」、
   【物件類型】設為「線」、【性質】
   設為「紅色」、【運算子】設為「＝
   等於」、【值】設為「紅色」。並
   點擊確定。即可從整個圖面中，選
   取到性質顏色為紅色的物件。

5. 完成選取紅色線條。

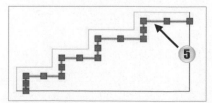

1-10 | 正交

繪製線段時只能繪製垂直或水平的線段。

1. 將視窗右下角【 ▟ 限制正交游標 】打開。即可開啟正交功能。

小提醒　當我們將【 ▟ 限制正交游標 】開啟時會發現【 ◔▾ 極座標追蹤 】被關閉。

小提醒　若找不到【 ▟ 限制正交游標 】按鈕可點擊【 ☰ 自訂 】並選擇【 正交模式 】。

2. 點擊工具列【常用】頁籤的【線】開啟線段繪製功能。

3. 左鍵任意點擊畫面決定線段第一點，並將滑鼠任意往外移動會發現只能夠往垂直方向或水平方向來做繪製。

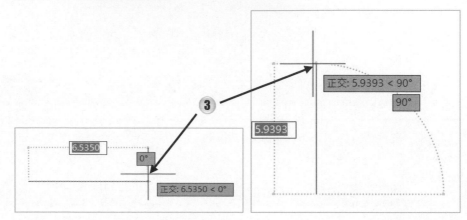

4. 利用正交功能，往右再往上繪製兩垂直線段作為矩形的兩邊。

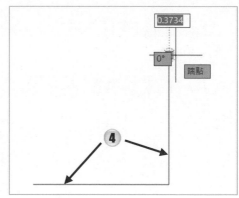

5. 將游標停留在左下角點，進行鎖點追蹤。

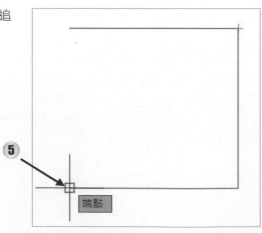

6. 將滑鼠往上移動會發現上面的線會
    對齊下面的點。

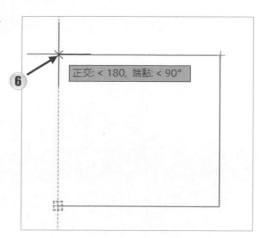

7. 左鍵點擊決定端點的位置。

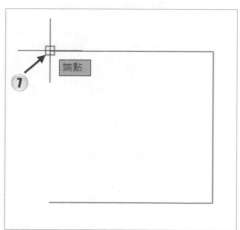

8. 往下移動鎖點端點位置即可完成矩
    形。

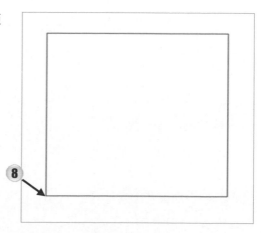

 基礎級認證模擬試題

模擬練習一 座標

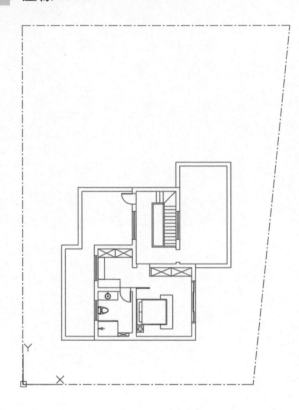

開啟 Building.dwg 檔案,在 Boundary 圖層上,使用以下絕對座標為小屋建立地界線。

- 開始:0, 0
- 點 1:1622, 0
- 點 2:1884, 2533
- 點 3:0, 2533
- 結束:0,0

此地界線的面積是多少?

答案提示:######

CHAPTER 2

繪製基本圖面

本章介紹

繪製指令是設計的起點，沒有圖形也就沒有後續的操作。此章節的目標為學習如何由線、圓、矩形等指令來設計圖形與造型，並使用建構線指令來建立參考線，接著練習完成每章節的綜合習題。掌握此章節，你的設計之路已經邁進一大步。

本章目標

在完成此一章節後，您將學會：

- 繪製相關的指令，以及如何綜合這些指令，繪製出需要的形狀。

2-1 │ LINE - 線

直線是常用指令，指定起點與終點即可繪製一條線段，也可繪製成其他封閉的幾何物件。

指令	LINE	快捷鍵	L	圖示	
工具列按鈕	常用頁籤 → 繪製面板 → 線 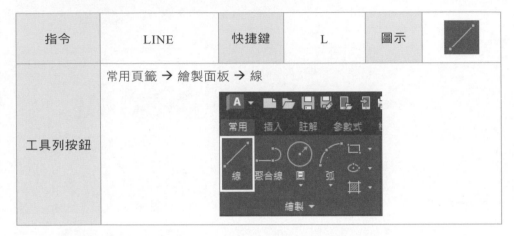				

▶ 右鍵選單說明

執行線指令，繪製幾條線段後，指令區會出現副選項，可輸入括號中的字母快速鍵並按 Enter，或是點擊滑鼠右鍵，選擇所需指令。

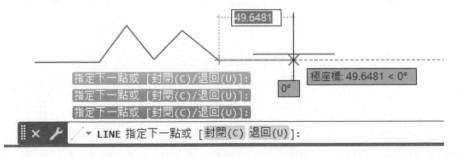

選項	快速鍵	解說
退回	U	取消上一次的操作。
封閉	C	當繪製兩條以上的線段後，會出現該選項，將線段接回起點，形成一個封閉的區域。

操作說明 指定線段長度

準備工作

● 點擊【常用】頁籤 →【繪製】面板 →【線】按鈕。

正式操作

1. 指定任一點為線的起點。
2. 滑鼠往右移動，要出現極座標虛線。
3. 輸入「100」為距離的數值。
4. 按下 Enter 鍵來輸入數值。

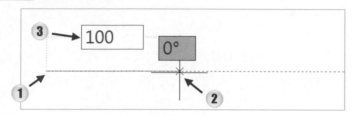

操作說明 使用封閉指令來繪製正三角形

準備工作

● 點擊【常用】頁籤 →【繪製】面板 →【線】按鈕。

正式操作

1. 選擇任意位置為起點。
2. 滑鼠往左邊移動。
3. 輸入「100」為距離的數值，並按下 Enter 鍵完成。

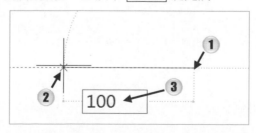

4. 輸入「@100<60」，按下 Enter 鍵繪製距離 100、角度 60 的線段。

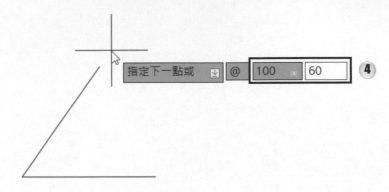

5. 點擊右鍵，選擇【封閉】〈或按下 C 鍵再按空白鍵〉，來完成此線段繪製。

小秘訣　右鍵選單的選項除了用左鍵點選外，也可以按下括號內的英文字母當快速鍵。

延伸練習

※ 延伸練習的解答請參考教學影片。

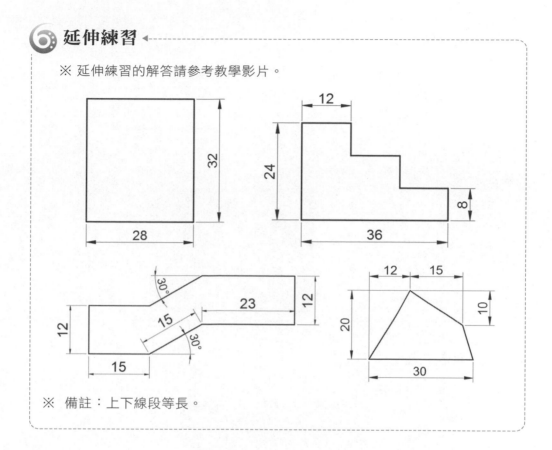

※ 備註：上下線段等長。

2-2 │ CIRCLE - 圓

圓是常用指令，AutoCAD 提供了許多不同的圓繪製的方法，可視造型來選擇最適合的方式繪製。

指令	CIRCLE	快捷鍵	C	圖示	
工具列按鈕	常用頁籤 → 繪製面板 → 圓 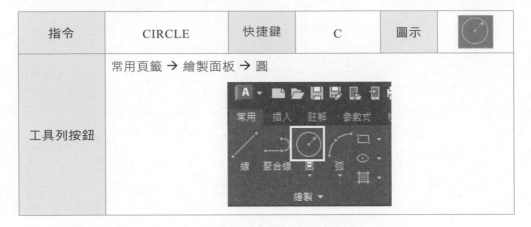				

> ### 下拉式選單內容

可經由圓按鈕下方的黑色下拉箭頭，展開選單執行。

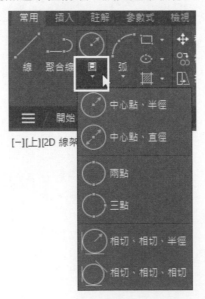

▶圓的各種繪製模式

可輸入快速鍵中的字母，或是在畫面空白處點擊滑鼠右鍵，選擇所需指令。

選項	快速鍵	解說
中心點、半徑	預設	畫面中點擊一下作為圓的中心點，再給定半徑值。
中心點、直徑	D	畫面中點擊一下作為圓的中心點，再給定直徑值。
兩點	2P	選取二個點即可建立二點圓。
三點	3P	選取三個點即可建立三點圓，但此三點不可共同一線。
相切、相切、半徑	T	相切於二個物件，且已知圓的半徑。

操作說明 指定半徑

準備工作

- 點擊【常用】頁籤 →【繪製】面板 →【圓】按鈕中的下拉式選單 →【中心點、半徑】按鈕。

正式操作

1. 在畫面中指定圓中心點的位置。

2. 輸入「30」為半徑的數值。

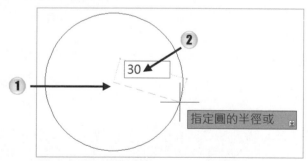

3. 按下 Enter 鍵來完成半徑圓繪製。

操作說明　指定直徑

準備工作

- 點擊【常用】頁籤 →【繪製】面板 →【圓】按鈕中的下拉式選單 →【中心點、直徑】按鈕。

正式操作

1. 在畫面中指定圓中心點的位置。
2. 輸入「50」為直徑的數值。
3. 按下 Enter 鍵來完成直徑圓繪製。

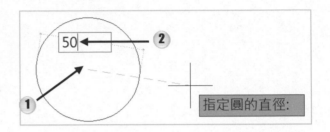

操作說明　三點圓

準備工作

- 點擊【常用】頁籤 →【繪製】面板 →【圓】按鈕中的下拉式選單 →【三點】按鈕。

正式操作

1. 在畫面中點擊左鍵第一下，指定圓的第一點。
2. 在畫面中點擊左鍵第二下，指定圓的第二點。
3. 在畫面中點擊左鍵第三下，指定圓的第三點，此時已完成三點圓繪製。

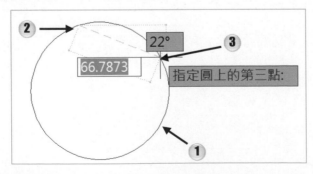

兩點圓

準備工作

- 點擊【常用】頁籤 → 【繪製】面板 → 【圓】按鈕中的下拉式選單 → 【兩點】按鈕。

正式操作

1. 在畫面中點擊左鍵第一下，指定圓的第一點。

2. 在畫面中點擊左鍵第二下，指定圓的第二點，此時已完成兩點圓繪製。

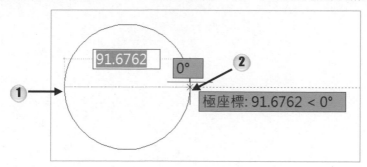

操作說明 相切、相切、半徑

準備工作

- 參考 2-1 線的指令，先畫出距離 100 的線段，再畫出距離 100、角度 60 的線段。（或是直接開啟範例檔〈2-2_ex1.dwg〉）

- 點擊【常用】頁籤 → 【繪製】面板 → 【圓】按鈕中的下拉式選單 → 【相切、相切、半徑】按鈕。

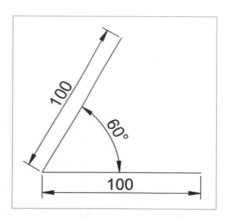

正式操作

1. 點擊第一條線段當成相切目標。

2. 點擊第二條線段當成另一相切目標。

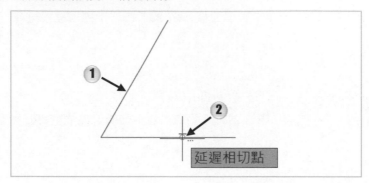

3. 輸入「30」為半徑的數值。

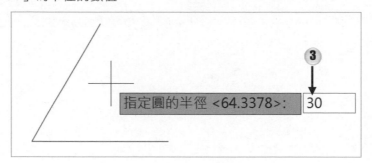

4. 完成圖。

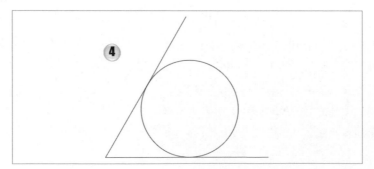

操作說明　相切、相切、相切

準備工作

● 參考線的範例來繪製任意三角形線段，或開啟範例檔〈2-2_ex2.dwg〉。

● 點擊【常用】頁籤 → 【繪製】面板 → 【圓】按鈕中的下拉式選單 → 【相切、相切、相切】按鈕。

正式操作

1. 點擊第一條線段當成相切目標。

2. 點擊第二條線段當成第二相切目標。

3. 點擊第三條線段當成第三相切目標。

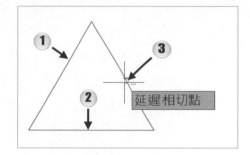

4. 完成圖。

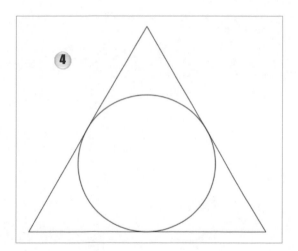

操作說明　鎖點指定圓半徑

1.　右鍵點擊視窗右下角【□ ▾ 物件鎖點】，並選擇【物件鎖點設定...】。

2.　勾選【中點】即可使物件鎖點追蹤到中點，設定完成後點即確認即可。

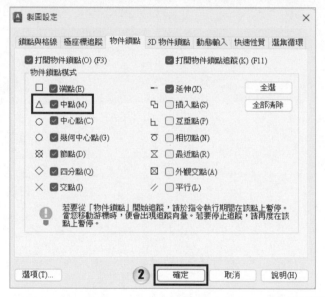

3.　點擊【常用】頁籤 →【線】指令。並任意繪製一線段。按下 Enter 完成繪製。

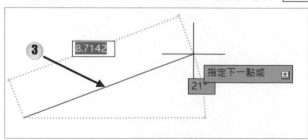

4.　點擊功能區【常用】頁籤 →【圓】下拉選單 →【中心點、半徑】。

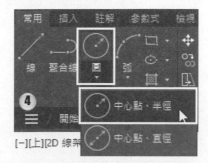

5.　將滑鼠移動到線段上方的中點並點擊左鍵作為圓的中心點。

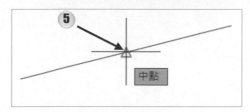

6.　點擊線段的右側端點，利用鎖點來指定圓的半徑。

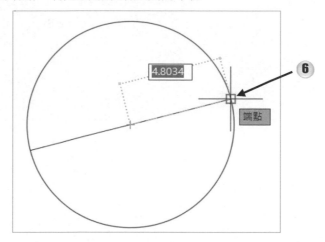

⑥ 延伸練習

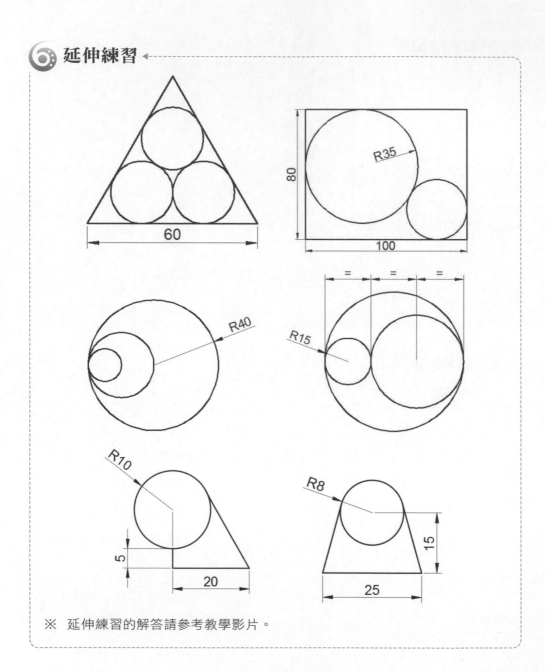

※ 延伸練習的解答請參考教學影片。

2-3 │ XLINE - 建構線

建構線是向兩個方向無限延展的直線，可作為參考線使用。

指令	XLINE	快捷鍵	XL	圖示	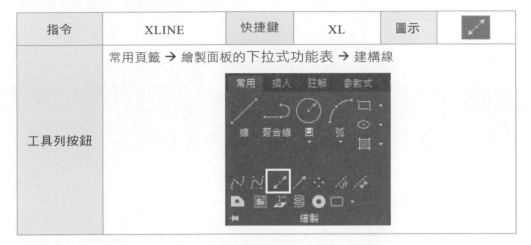
工具列按鈕	常用頁籤 → 繪製面板的下拉式功能表 → 建構線				

▶ 右鍵選單內容

先點選【建構線】指令後，點擊右鍵即可展開選單執行。

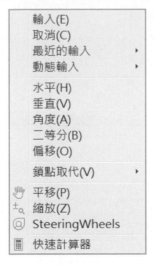

▶ 右鍵選單說明

可輸入快速鍵中的字母，或是在畫面空白處點擊滑鼠右鍵，選擇所需指令。

選項	快速鍵	解說
水平	H	建立一條通過指定點的水平建構線。
垂直	V	建立一條通過指定點的垂直建構線。
角度	A	建立一條通過指定點，並與水平線形成角度的建構線。
二等分	B	建立一條通過兩交點並且等分其夾角的建構線。
偏移	O	建立一條平行於選取物件的建構線。

操作說明　兩點建構線

準備工作

● 點擊【常用】頁籤 →【繪製】面板中的下拉式功能表 →【建構線】按鈕。

正式操作

1. 指定任一點為建構線的第一點。
2. 選擇所需的方位指定建構線的第二點，按下 Enter 鍵結束指令。

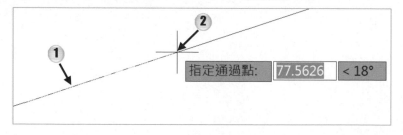

按下 Enter 鍵或空白鍵皆可以結束指令。

小秘訣

操作說明　水平建構線

準備工作

● 　點擊【常用】頁籤 → 【繪製】面板中的下拉式功能表 → 【建構線】按鈕。

正式操作

1. 　點擊右鍵選擇【水平】。
　　（或輸入 H 並按下 Enter 鍵）

2. 　點擊左鍵放置水平建構線，按
　　下 Enter 鍵結束指令。

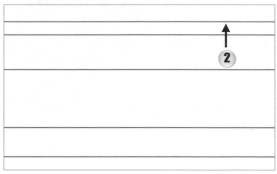

操作說明　垂直建構線

準備工作

● 點擊【常用】頁籤 →【繪製】面板中的下拉式功能表 →【建構線】按鈕。

正式操作

1. 點擊右鍵選擇【垂直】。
   （或輸入 V 並按下 Enter 鍵）

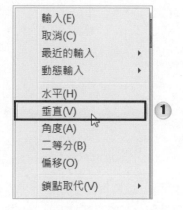

2. 點擊左鍵放置垂直建構線，按下 Enter 鍵結束指令。

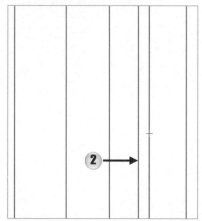

操作說明　角度建構線

準備工作

- 點擊【常用】頁籤 → 【繪製】面板中的下拉式功能表 → 【建構線】按鈕。

正式操作

1. 點擊右鍵選擇【角度】。
2. 輸入「30」指定建構線的角度，按下 Enter 鍵。
3. 點擊左鍵放置角度為 30 度的建構線，按下 Enter 鍵結束指令。

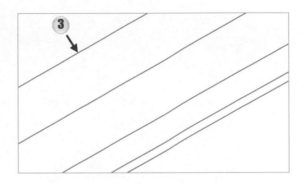

操作說明　二等分建構線

準備工作

- 先畫出距離 100 的線段。
- 畫出距離 100、角度 60 的線段，或直接開啟範例檔〈2-3_ex1.dwg〉。
- 點擊【常用】頁籤 → 【繪製】面板中的下拉式功能表 →【建構線】按鈕。

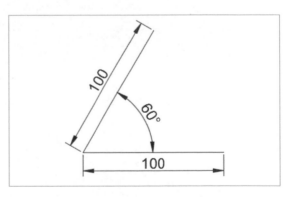

正式操作

1. 點擊右鍵選擇【二等分】。

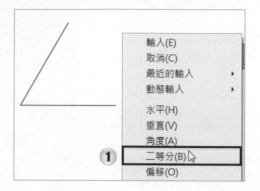

2. 指定第一點，此點是角度頂點（兩條線的交點）。

3. 指定第二點。

4. 指定第三點。

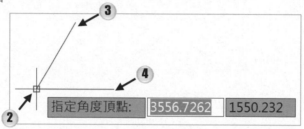

5. 按 Enter 鍵來退出指令。

6. 完成圖。

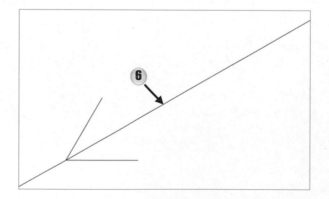

操作說明　偏移建構線

準備工作

- 任意繪製一長度 100 的線段。
- 點擊【常用】頁籤 → 【繪製】面板中的下拉式功能表 → 【建構線】按鈕。

正式操作

1. 點擊右鍵選擇【偏移】。

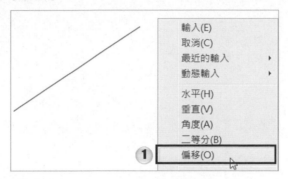

2. 輸入「10」來指定偏移距離，按下 Enter 鍵。

3. 選取線段來指定偏移目標。

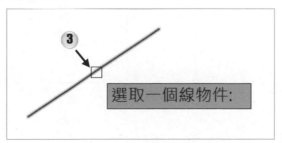

4. 滑鼠點擊所需偏移的方向（線段的兩側，選擇其中一側），按下 Enter 鍵結束指令。

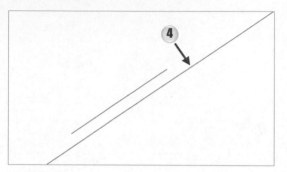

延伸練習

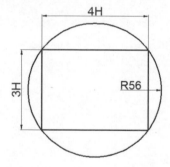

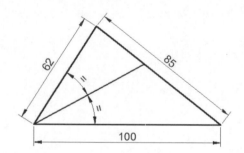

（此練習需參考 1-8 小節的相對座標）

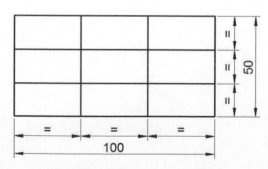

（此繪製練習需參考第 4 章修剪）

※ 延伸練習的解答請參考教學影片。

2-4 │ PLINE - 聚合線

聚合線用於繪製一體成型的造型，可以由直線或弧線所組成，並且可變換寬度。通常聚合線分解會變成線，多條線段接合起來會變成聚合線。

指令	PLINE	快捷鍵	PL	圖示	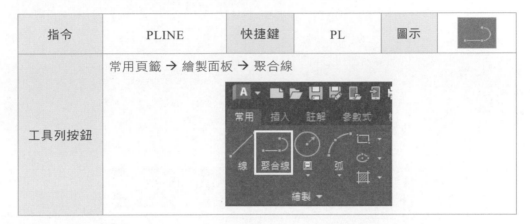
工具列按鈕	常用頁籤 → 繪製面板 → 聚合線				

▶ 右鍵選單內容

先點選【聚合線】指令，左鍵決定聚合線起點後，點擊右鍵即可展開選單執行。

▶ **右鍵選單說明**

可輸入快速鍵中的字母，或是在畫面空白處點擊滑鼠右鍵，選擇所需指令。

選項	快速鍵	解說
弧	A	繪製弧形聚合線。
半寬	H	設定聚合線的半寬度。
長度	L	設定下一個線段的長度，繪製方向會與上一線段相同。
退回	U	取消上一次的操作。
寬度	W	設定聚合線的寬度。

寬度　　　　　　　　　　　　　　　　　　　　　　半寬

操作說明 **聚合線的運用**

準備工作

● 點擊【常用】頁籤 → 【繪製】面板 → 【聚合線】按鈕。

正式操作

1. 點擊任一點為聚合線的起點。

2. 滑鼠往右移動決定方向，輸入「100」為距離的數值，按下 Enter 鍵。

3. 點擊右鍵選擇【弧】。

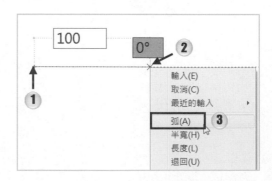

4. 滑鼠往下移動至如圖所示之位置，輸入「50」為距離的數值，按下 Enter 鍵。

5. 點擊右鍵選擇【直線】。

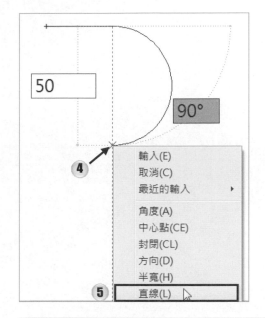

6. 開啟狀態列的【物件鎖點追蹤】，並將滑鼠移到聚合線的起點，先不要點擊，只需停留。

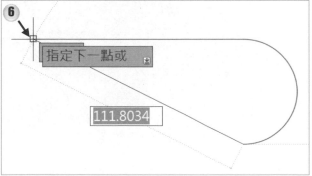

7. 將滑鼠往下移動，產生綠色追蹤線交點，點擊滑鼠左鍵來指定第四點。

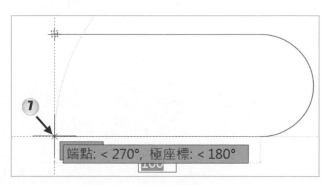

8. 點擊滑鼠右鍵選擇【弧】。

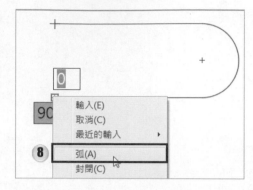

9. 點擊起點的位置。

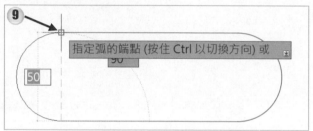

10. 按下 Enter 鍵結束指令，完成圖。游標在聚合線上停留，可得知此線段為聚合線。

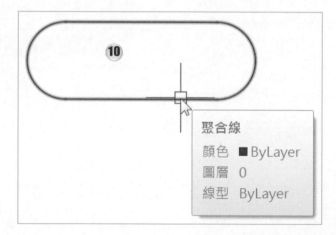

| 操作說明 | 指定聚合線的寬度 |

準備工作

● 點擊【常用】頁籤 → 【繪製】面板 → 【聚合線】按鈕。

正式操作

1. 點擊左鍵指定任一起點，點擊右鍵，選擇【寬度】。

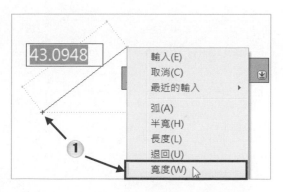

2. 輸入「10」指定起點寬度的數值，按下 Enter 鍵。

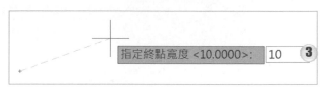

3. 輸入「10」指定終點寬度的數值，按下 Enter 鍵。

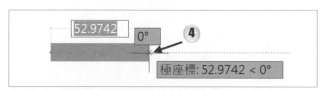

4. 滑鼠往右移動決定聚合線方向。

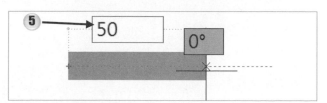

5. 輸入「50」指定長度的數值，按下 Enter 鍵完成繪製。

6. 再按下 Enter 鍵來結束聚合線指令。

7. 完成圖。

若聚合線寬度設定 0，可恢復原本線段寬度。

小提醒

 延伸練習 ◄┄┄┄┄┄┄┄┄┄┄┄┄┄┄┄┄┄

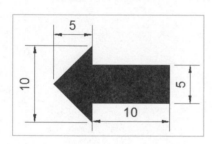

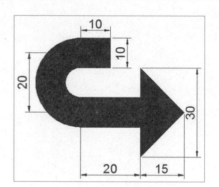

※ 延伸練習的解答請參考教學影片。

2-5 │ ARC - 弧

弧是常用指令之一，AutoCAD 提供了許多不同的弧繪製的方法，可視造型來選擇最適合的繪製方式。

指令	ARC	快捷鍵	A	圖示	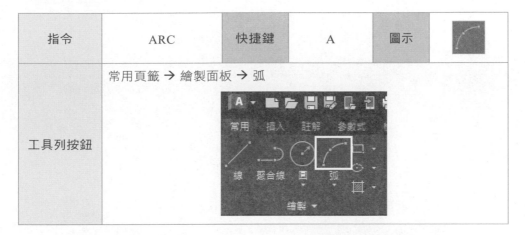
工具列按鈕	常用頁籤 → 繪製面板 → 弧				

▶ 下拉式選單內容

可經由【弧】按鈕下方的三角形下拉箭頭，展開選單執行。

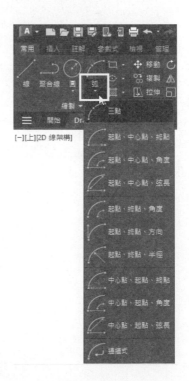

▶ 右鍵選單說明

選項	解說
三點	點選任意三點來建立一個弧。
起點、中心點、終點	利用起點、中心點、終點建立一個弧，產生的弧由起點開始按逆時針的方向建立。
起點、中心點、角度	指定起點和中心點，並輸入角度來指定弧的角度。
起點、中心點、弦長	指定起點和中心點，並輸入長度來指定弧的起點到端點之間的弦長。
起點、終點、角度	指定起點和終點，並輸入之間的角度。
起點、終點、方向	指定起點和終點，並選擇弧的方向。
起點、終點、半徑	指定起點和終點，並指定半徑數值。
中心點、起點、終點	利用中心點、起點、終點建立一個弧。
中心點、起點、角度	指定中心點和起點，並輸入角度來指定弧的端點距離。
中心點、起點、弦長	指定中心點和起點，並輸入長度來指定弧的起點到端點之間的弦長。
連續式	從上一個線段結束位置，繪製連續式的弧線，繪製完一次弧線，必須重新執行連續的指令。

操作說明　三點弧的運用

準備工作

- 任意繪製一個圓。
- 點擊【常用】頁籤 →【繪製】面板 →【弧】的下拉選單 →【三點】按鈕。

正式操作

1. 點擊滑鼠左鍵來指定任一點為弧的第一點。

2. 點擊滑鼠左鍵來指定任一點為弧的第二點。

3. 點擊滑鼠左鍵來指定任一點為弧的第三點，此時完成左側眼睛的繪製。

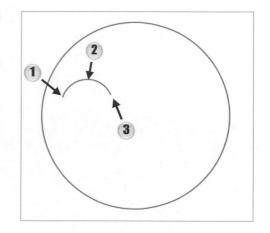

4. 按下 Enter 鍵來重複執行三點弧的指令。

5. 點擊滑鼠左鍵來指定任一點為弧的第一點。

6. 點擊滑鼠左鍵來指定任一點為弧的第二點。

7. 點擊滑鼠左鍵來指定任一點為弧的第三點，此時完成右側眼睛的繪製。

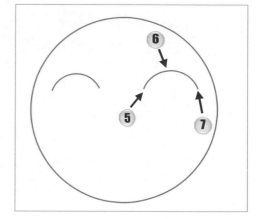

8. 按下 Enter 鍵來重複執行三點弧的指令。

9. 點擊滑鼠左鍵來指定任一點為弧的第一點。

10. 點擊滑鼠左鍵來指定任一點為弧的第二點。

11. 點擊滑鼠左鍵來指定任一點為弧的第三點，製作笑臉。

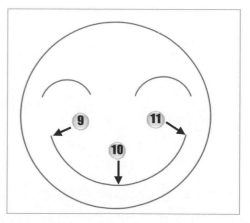

12. 繪製一條直線完成嘴巴的繪製。

13. 完成圖。

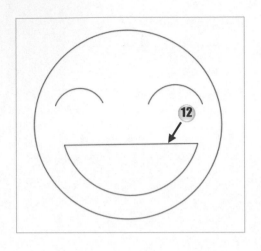

操作說明 　起點、終點、角度

準備工作

● 點擊【常用】頁籤 → 【繪製】面板 → 【弧】按鈕中的下拉式選單 → 【起點、終點、角度】按鈕。

正式操作

1. 點擊滑鼠左鍵來指定任一點為弧的起點。

2. 點擊滑鼠左鍵來指定任一點為弧的終點。

3. 輸入「60」為角度的數值，按下 Enter 鍵完成。

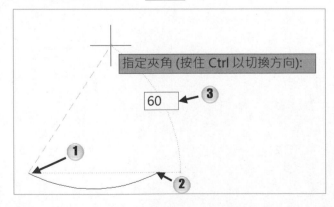

4. 完成圖（標註可以參考第六章的角度標註）。

小提醒 弧是逆時針方向繪製，若起點與終點位置相反，則弧的方向相反。

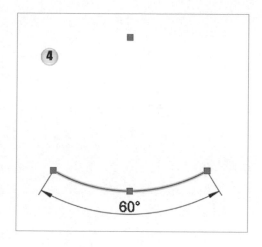

操作說明 起點、終點、方向

準備工作

● 點擊【常用】頁籤 → 【繪製】面板 → 【弧】按鈕中的下拉式選單 → 【起點、終點、方向】按鈕。

正式操作

1. 點擊滑鼠左鍵來指定任一點為弧的起點。

2. 點擊滑鼠左鍵來指定任一點為弧的終點。

3. 輸入「50」為角度的數值，按下 Enter 鍵。或將滑鼠移動到弧所需的方向，並點擊滑鼠左鍵來指定弧的角度。

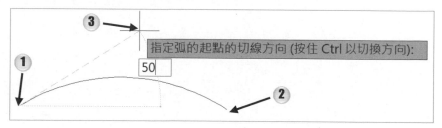

操作說明	起點、終點、半徑

準備工作

● 繪製一條長度 100 的線段。

● 點擊【常用】頁籤 →【繪製】面板 →【弧】按鈕中的下拉式選單 →【起點、終點、半徑】按鈕。

正式操作

1. 滑鼠左鍵點擊線段左側指定為弧的起點。

2. 滑鼠左鍵點擊線段右側指定為為弧的終點。

3. 滑鼠移動至圓弧出現,再輸入「60」為半徑的數值。

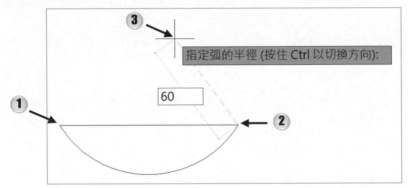

4. 完成圖。

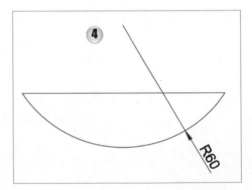

小提醒　弧在繪製時是由起點往逆時針方向出現，因此當起點與終點的位置對調，弧線的方向也會對調。

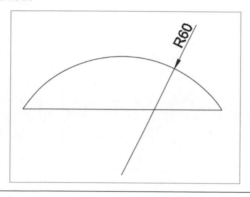

操作說明　起點、終點、半徑之半徑正負數值的差異

準備工作

- 繪製一條距離 10 的線。

- 點擊【常用】頁籤 →【繪製】面板 →【弧】按鈕中的下拉式選單 →【起點、終點、半徑】按鈕。

正式操作

1. 點擊線的左邊端點當作弧的起點。

2. 點擊線的右邊端點當作弧的終點。

3. 輸入「-15」為弧的半徑，按下 Enter 鍵。

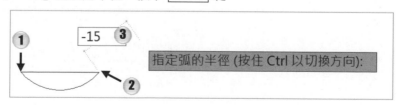

4. 完成圖。

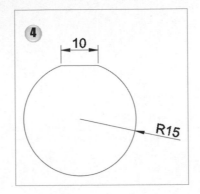

 小提醒　負數的弧為大肚弧，大肚弧的形狀比半圓飽滿。有缺口的圓也是大肚弧的一種。注意在使用起點、終點、半徑繪製時，半徑一定要給負值。

 小提醒　以上的端點半徑系列，都必須先移動滑鼠使弧出現再輸入半徑，所繪製的弧才會正確。

延伸練習

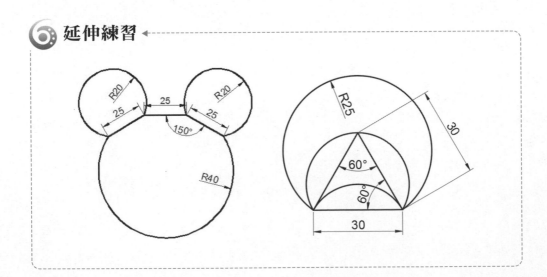

2-6 | ELLIPSE - 橢圓

橢圓形封閉曲線，由四個端點所組成。

指令	ELLIPSE	快捷鍵	EL	圖示	
工具列按鈕	常用頁籤 → 繪製面板 →橢圓的下拉箭頭 →軸、終點 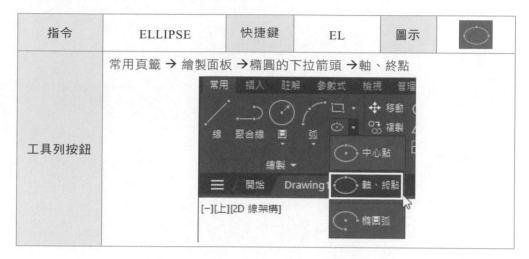				

▶ **下拉式選單內容**

可經由橢圓按鈕旁邊的三角形下拉箭頭，展開選單執行。

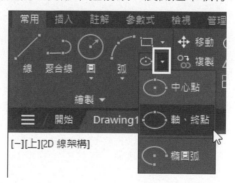

▶ 橢圓的各種繪製模式

選項	解說
中心點	先指定中心點的位置，再指定第一端點的位置來決定長軸的距離，接著指定第二端點的位置來決定短軸的距離。
軸、終點	先決定第一端點及第二端點的距離，接著指定第三端點到中心點的距離。
橢圓弧	使用橢圓來繪製弧線。

操作說明 **繪製中心點橢圓**

準備工作

● 點擊【常用】頁籤 →【繪製】面板 →【中心點】按鈕。

正式操作

1. 指定任一點為橢圓的中心點。

2. 將滑鼠移動到所需方向，並輸入「40」為第一端點的數值，按下 Enter 鍵。

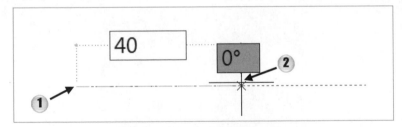

3. 輸入「15」為第二端點的數值，按下 Enter 鍵。

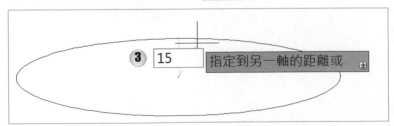

4. 完成圖。

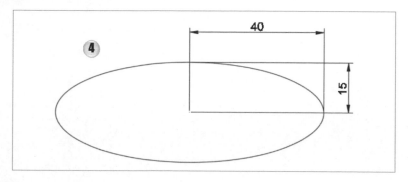

操作說明　**繪製軸、終點橢圓**

準備工作

● 　點擊【常用】頁籤 →【繪製】面板 →【軸、終點】按鈕。

正式操作

1. 指定任一點為橢圓的第一端點。

2. 將滑鼠移動到所需方向。

3. 並輸入「40」為第二端點的數值。

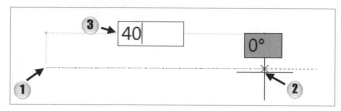

4. 輸入「15」為第三端點的數值，按下 Enter 鍵。

5. 完成圖。

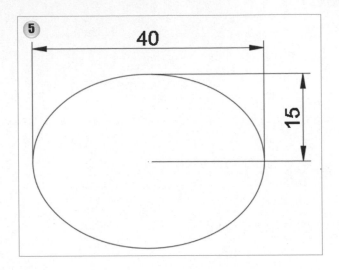

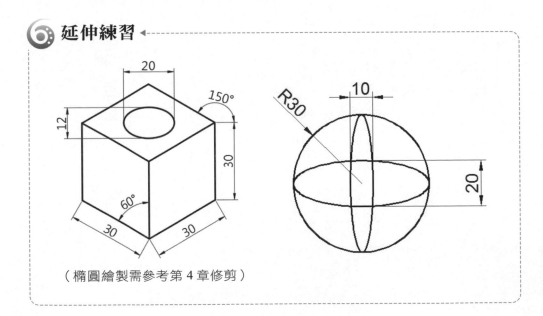

（橢圓繪製需參考第 4 章修剪）

2-7 │ RECTANG - 矩形

具有聚合線性質的四邊形，可以定義兩點繪製矩形。

指令	RECTANG	快捷鍵	REC	圖示	
工具列按鈕	常用頁籤 → 繪製面板 → 矩形 				

▶ 右鍵選單內容

點擊左鍵決定矩形第一點後，可輸入快速鍵中的字母，或是在畫面空白處點擊滑鼠右鍵，選擇所需指令。

選項	快速鍵	解說
面積	A	根據指定面積，和長或寬任何一邊的距離，來繪製矩形。
尺寸	D	以輸入的方式定義矩形的長和寬。
旋轉	R	指定矩形旋轉的角度。

操作說明　任意繪製矩形

準備工作

* 點擊【常用】頁籤 →【繪製】面板 →【矩形】按鈕。

正式操作

1. 點擊滑鼠左鍵來指定任一點為矩形的起點。

2. 點擊滑鼠左鍵來指定任一點為矩形的終點。

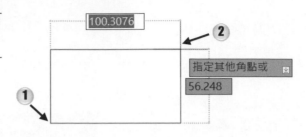

操作說明 **繪製指定尺寸的矩形（座標輸入法）**

準備工作

● 點擊【常用】頁籤 → 【繪製】面板 → 【矩形】按鈕。

正式操作

1. 點擊滑鼠左鍵來指定任一點為矩形的起點。

2. 輸入「@20,10」並按下 Enter 鍵，來指定矩形的終點。

3. 選取矩形，滑鼠停留在右下角端點（藍色掣點）不要點擊，可得知矩形長 20、寬 10。

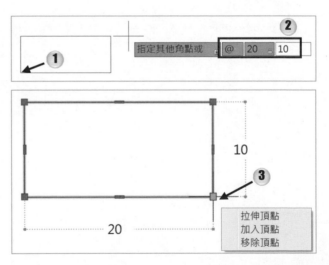

4. 再次點擊【矩形】指令，點擊左下角點作為矩形的起點。

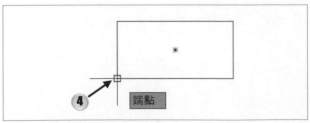

5. 輸入「@-20,5」並按下 Enter 鍵，指定矩形的終點，完成圖。

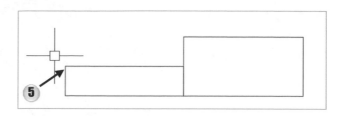

6. 點擊【矩形】指令，點擊同一個點作為矩形起點，如圖所示。

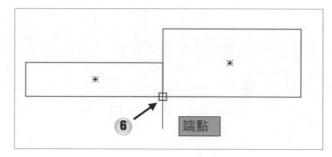

7. 輸入「@25,-10」並按下 Enter 鍵，指定矩形的終點，完成圖。

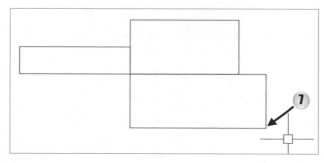

8. 點擊【矩形】指令，點擊同一個點作為矩形起點，如圖所示。

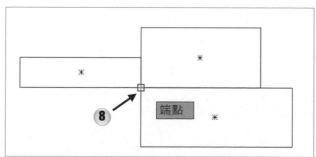

9. 輸入「@-10,-15」並按
下 Enter 鍵，指定矩形
的終點，完成圖。

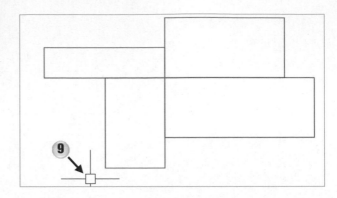

10. 繪製矩形時，根據輸入的尺寸正負值，可以繪製不同方位的矩形。公式為
@X,Y，當矩形在右邊時，X 為正值，矩形在上方時，Y 為正值，反方向則為
負值。

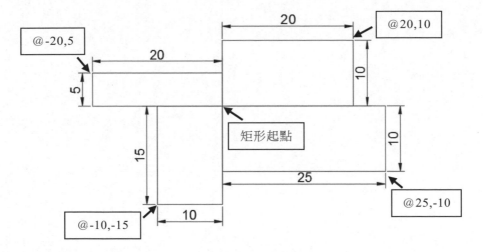

| 操作說明 | 繪製指定尺寸的矩形（動態輸入法） |

準備工作

- 點擊【常用】頁籤→【繪製】面板→【矩形】。

正式操作

1. 空白處點擊左鍵指定矩形第一點。

2. 輸入「50」指定矩形寬。

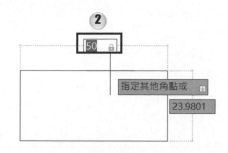

3. 按下 [Tab] 鍵，輸入「25」指定矩形高，按下 [Enter] 鍵完成。

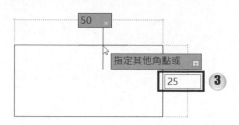

4. 完成圖。

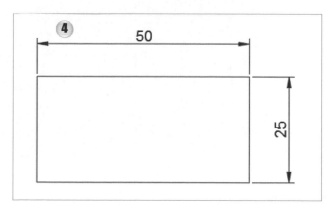

5. 點擊【常用】頁籤 →【繪製】面板 →【矩形】。

6. 點擊矩形左下角，作為新矩形第一點。

7. 滑鼠往右下移動，可以決定矩形的方向，矩形將往右下方繪製。

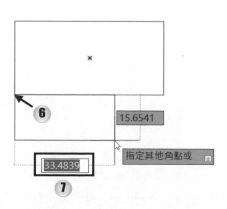

8. 輸入「50」指定矩形寬，按下 ⌜Tab⌟ 鍵，輸入「25」指定矩形高，按下 ⌜Enter⌟ 鍵完成。（矩形寬與高皆輸入正的數值）

9. 這次矩形往右下方繪製，完成圖。

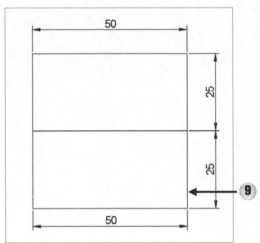

延伸練習

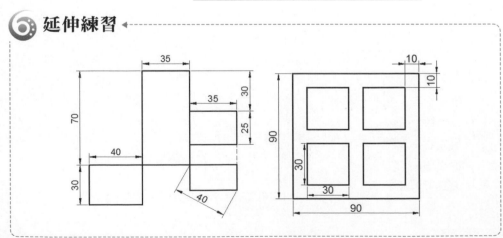

2-8 │ POLYGON - 多邊形

多邊形可以依照需求設定多邊形的邊數，並且提供了邊長與中心點的繪製模式，無論是使用哪種形式的多邊形，每個邊都是等長。

指令	POLYGON	快捷鍵	POL	圖示	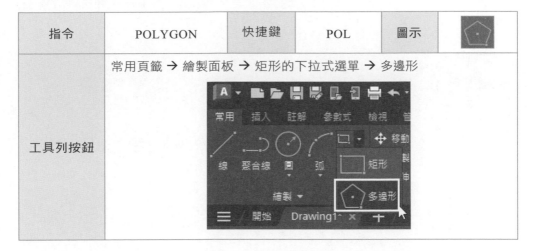
工具列按鈕	常用頁籤 → 繪製面板 → 矩形的下拉式選單 → 多邊形				

▶ **指令選項**

選項	快速鍵	解說
輸入邊的數目		可指定 3 個到 1024 個邊數。
指定多邊形的中心點		在所需的位置指定多邊形的中心點。
邊	E	根據邊的數目和邊長來繪製多邊形。
內接於圓	I	繪製在指定圖形內。
外切於圓	C	繪製在指定圖形外。

操作說明	指定邊緣長度

準備工作

- 點擊【常用】頁籤 → 【繪製】面板 → 【矩形】按鈕中的下拉式選單 → 【多邊形】按鈕。

正式操作

1. 輸入「5」為邊的數目，按下 Enter 鍵。

2. 點擊右鍵，選擇【邊】。

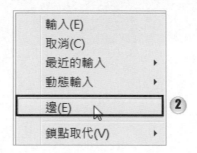

3. 點擊滑鼠左鍵來指定任一點為多邊形的第一端點。

4. 滑鼠往右移動決定多邊形方向，輸入「20」，按下 Enter 鍵來指定邊緣長度的數值。

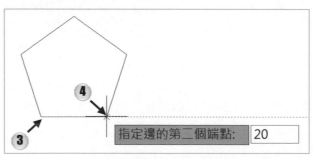

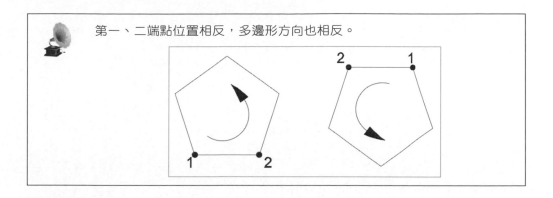

第一、二端點位置相反，多邊形方向也相反。

操作說明　內接於圓

準備工作

- 繪製一個半徑 20 的圓。

- 開啟【物件鎖點】的【四分點】與【中心點】。

- 點擊【常用】頁籤 →【繪製】面板 →【矩形】按鈕中的下拉式選單 →【多邊形】按鈕。

正式操作

1. 輸入「5」為邊的數目，
   按下 Enter 鍵。

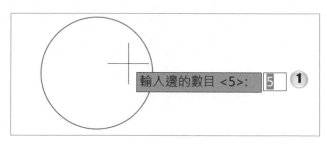

2. 將滑鼠移到圓的邊緣，
   將會出現圓的中心點。

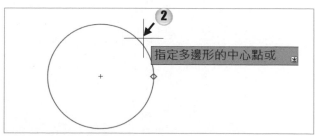

3. 點擊圓的中心點的位置。

4. 選擇【內接於圓】，或輸入快速鍵：「I」。

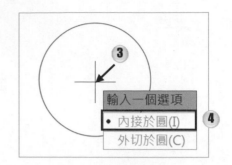

5. 點擊圓的四分點，指定多邊形半徑。

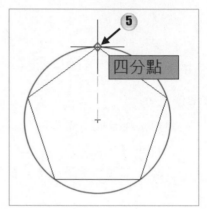

操作說明　　外切於圓

準備工作

- 繪製一個半徑 20 的圓。

- 開啟【物件鎖點】。

- 點擊【常用】頁籤 → 【繪製】面板 → 【矩形】按鈕中的下拉式選單 → 【多邊形】按鈕。

正式操作

1. 輸入「5」為邊的數目，按下 Enter 鍵。

2. 將滑鼠移到圓的邊緣，將會出現圓的中心點。

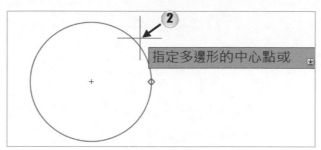

3. 點擊圓的中心點的位置。

4. 選擇【外切於圓】，或輸入快速鍵：「C」。

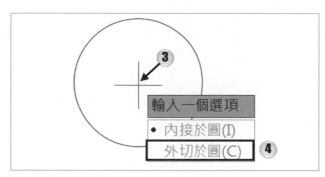

5. 點擊圓的四分點。

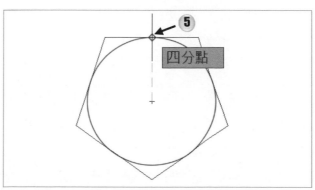

延伸練習

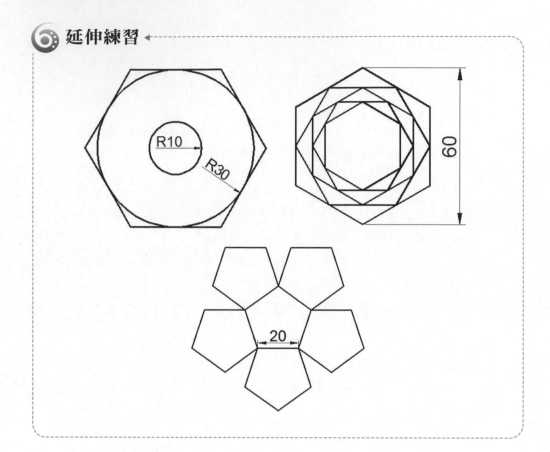

2-9 | SPLINE - 雲形線

建立一條光滑的曲線，分成擬合與 CV 兩種繪製方式。

指令	SPLINE	快捷鍵	SPL	圖示	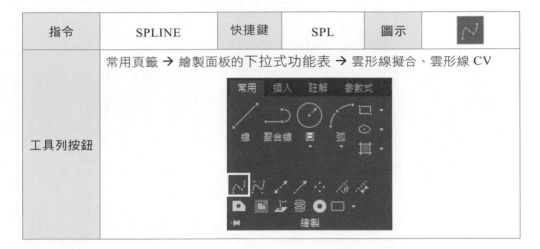
工具列按鈕	常用頁籤 → 繪製面板的下拉式功能表 → 雲形線擬合、雲形線 CV					

操作說明 雲形線擬合

準備工作

● 點擊【常用】頁籤 →【繪製】面板中的下拉式功能表 →【雲形線擬合】按鈕。

正式操作

1. 點擊滑鼠左鍵來指定任一點為雲形線擬合的起點。
2. 點擊滑鼠左鍵來指定任一點為雲形線擬合的第二點。
3. 點擊滑鼠左鍵來指定任一點為雲形線擬合的第三點。

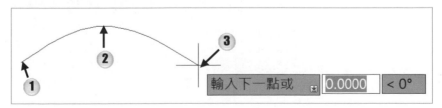

4. 按下 Enter 鍵結束繪製（也可以點擊右鍵，選擇【封閉】完成封閉雲形線）。

5. 完成圖。

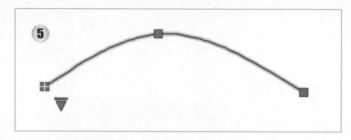

操作說明 雲形線 CV

準備工作

● 點擊【常用】頁籤 → 【繪製】面板中的下拉式功能表 → 【雲形線 CV】按鈕。

正式操作

1. 點擊滑鼠左鍵來指定任一點為雲形線 CV 的起點。

2. 點擊滑鼠左鍵來指定任一點為雲形線 CV 的第二點。

3. 點擊滑鼠左鍵來指定任一點為雲形線 CV 的第三點。

4. 點擊滑鼠左鍵來指定任一點為雲形線 CV 的第四點。

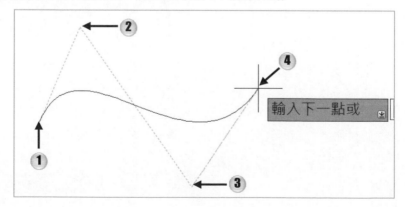

5. 按下 Enter 鍵結束繪製。

6. 選取雲形線，點擊藍色掣點可以調整形狀，完成圖。

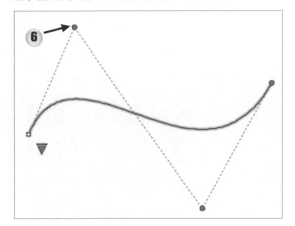

小提醒　雲形線 CV 是根據雲形線的【控制頂點】來繪製曲線。在描繪同樣物件外型時，CV 雲形線會比擬合雲形線來得平滑。

 延伸練習

※ 此延伸練習可開啟物件鎖點的【最近點】、關閉極座標追蹤後再繪製，繪製完畢後，再將【最近點】關閉、開啟極座標追蹤即可。

繪製時開啟，可以鎖點至任何位置，繪製完關閉

繪製時關閉，繪製完開啟

2-10 | DIVIDE - 等分

將物件等分分配，可使用點等分以及圖塊等分。

指令	DIVIDE	快捷鍵	DIV	圖示	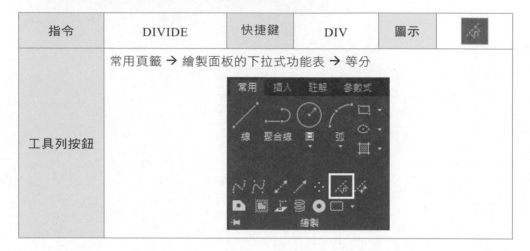
工具列按鈕	常用頁籤 → 繪製面板的下拉式功能表 → 等分				

操作說明 **以點方式等分**

準備工作

- 使用【線】指令，繪製寬 100、高 90 的矩形（不要用矩形指令來繪製），或直接開啟範例檔〈2-10_ex1.dwg〉。

- 開啟【物件鎖點】。

- 點擊【常用】頁籤 →【繪製】面板中的下拉式功能表 →【等分】按鈕。

正式操作

1.　選取要等分的物件。

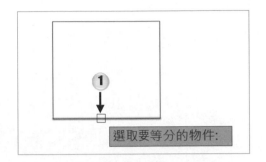

2.　輸入「4」為要分段的數目，按下 Enter 鍵，此時線段上已經出現 3 個等分點（節點），節點與線段重疊看不到。

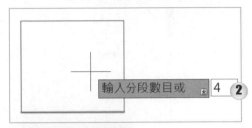

3.　點擊【常用】頁籤 →【公用程式】面板 →【點型式】按鈕。

4.　較明顯的點類型，點擊【確定】。

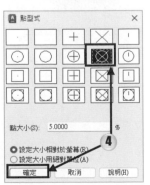

5. 點擊【常用】頁籤 → 【繪製】面板 → 【線】按鈕。

6. 繪製如右圖所示的三條線段。

 小提醒 等分點必須在【物件鎖點】的【節點】有開啟時，才能捕捉得到。

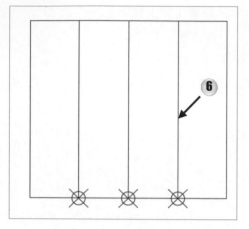

7. 點擊【等分】指令，選取要等分的物件。

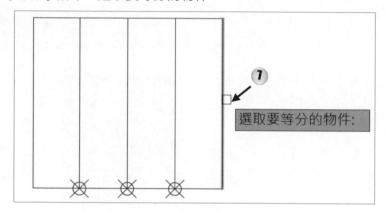

選取要等分的物件:

8. 輸入「5」為要分段的數目，按下 Enter 鍵。

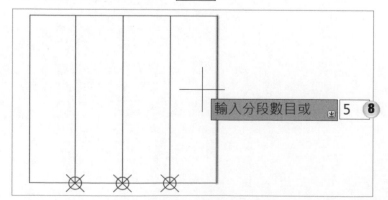

輸入分段數目或 5

9. 點擊【線】按鈕,繪製如圖所示的兩條水平線段。

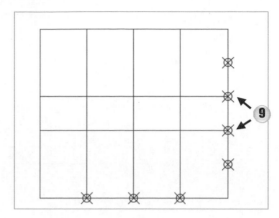

10. 點擊【常用】頁籤 →【修改】面板 →【修剪】按鈕,選取中間的三條線段做修剪的動作

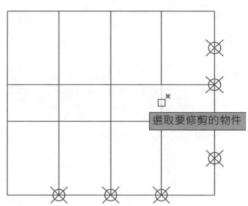

選取要修剪的物件

11. 修剪完成如右圖,按下空白鍵或 Enter 鍵結束指令。(詳細指令介紹可參考第四章修剪)

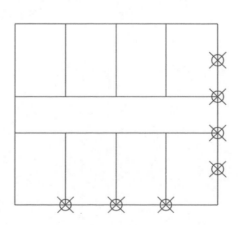

12. 在適當的位置上加上圓，來繪製櫃子的把手。

13. 完成圖。

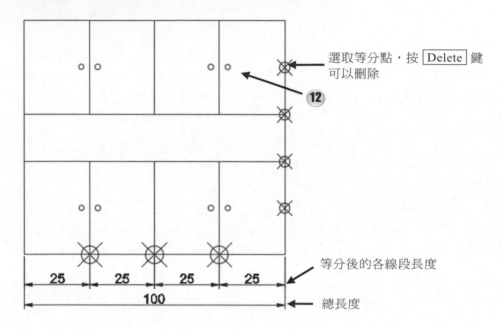

選取等分點，按 Delete 鍵可以刪除

12

等分後的各線段長度

總長度

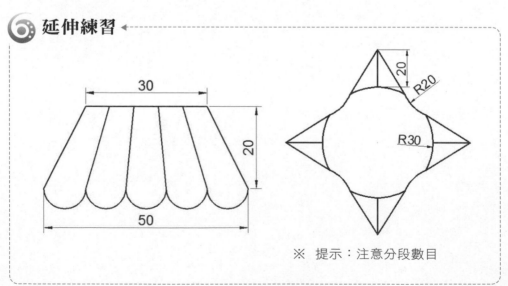

延伸練習

※ 提示：注意分段數目

2-11 │ MEASURE - 等距

將物件等距離分配,可使用點或圖塊來分段線段長度。

指令	MEASURE	快捷鍵	ME	圖示	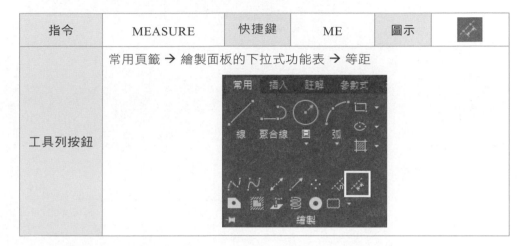
工具列按鈕	常用頁籤 → 繪製面板的下拉式功能表 → 等距				

操作說明 以點方式等距

準備工作

- 任意繪製一條 100 的線。

- 開啟【點型式】(快速鍵:PT)。

- 點擊【常用】頁籤 →【繪製】面板中的下拉式功能表 →【等距】按鈕。

正式操作

1. 選取線段為要等距的物件。

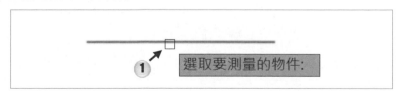

2. 輸入「20」為等距的距離，按下 Enter 鍵。

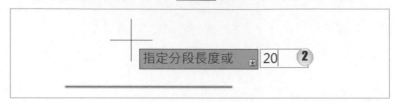

3. 完成圖。

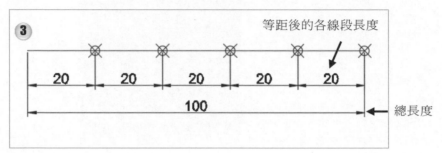

操作說明　**等距的起始點差異**

準備工作

- 任意繪製兩條 100 的線。
- 點擊【常用】頁籤 →【繪製】面板中的下拉式功能表 →【等距】按鈕。

正式操作

1. 選取第一條線的前端。

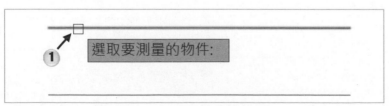

2. 輸入「30」為等距的距離,按下 Enter 鍵。

3. 點擊【常用】頁籤 → 【繪製】面板中的下拉式功能表 → 【等距】按鈕。

4. 選取第二條線的尾端。

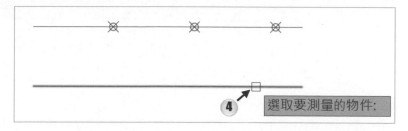

5. 輸入「30」為等距的距離,按下 Enter 鍵。

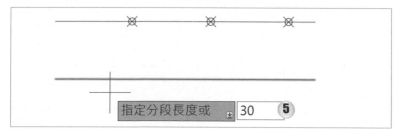

6. 完成圖。

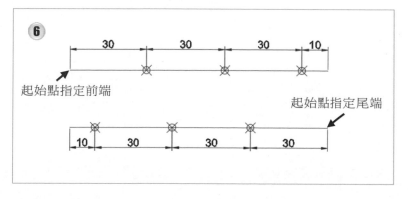

小提醒

將等距的【選取要測量物件】指令出現時，則會從點擊的地方當作起始點開始計算距離的長度，長度不足時則會產生剩餘的距離。

延伸練習

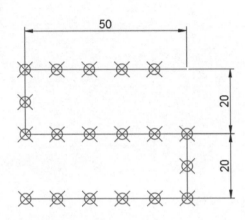

小秘訣

利用滑鼠滾輪調整畫面的遠近，輸入快速鍵「RE」並按下空白鍵，等分點會重生適合目前畫面的大小。

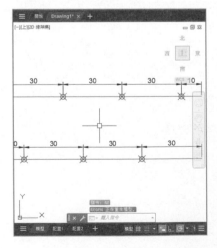

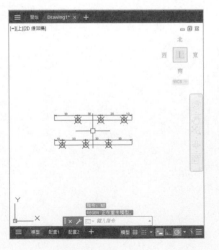

近：等分點小　　　　　　　　遠：等分點大

2-12 │ BOUNDARY - 邊界

可將物件之間的空間轉換為封閉邊界，此邊界物件類型為聚合線或面域。

指令	BOUNDARY	快捷鍵	BO	圖示	
工具列按鈕	常用頁籤 → 繪製面板 → 填充線的下拉式選單 →邊界 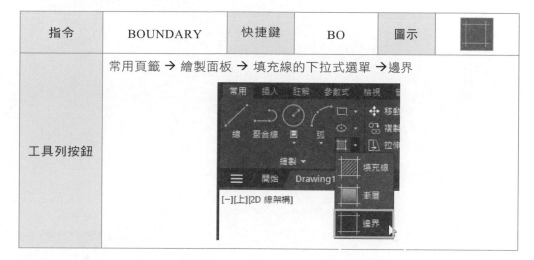				

操作說明 **邊界的運用**

準備工作

* 開啟範例檔〈2-12_ex1.dwg〉。

* 點擊【常用】頁籤 →【繪製】面板 →【填充線】按鈕中的下拉式選單 →【邊界】按鈕。

正式操作

1. 選擇【點選點】。

2. 點擊內部造型的空間〈下圖中灰色範圍皆可點擊〉。

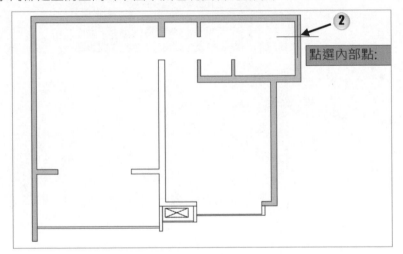

3. 繼續點擊中間牆面的區域〈下圖中灰色範圍皆可點擊〉，按下 Enter 鍵結束邊界指令，灰色區域的邊界會產生一條聚合線。

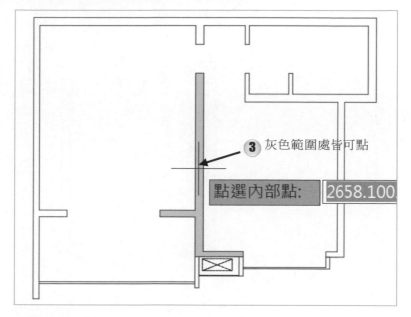

4. 點選牆面的邊界造型。

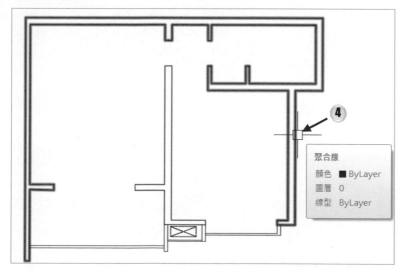

5. 再選取中間牆面的邊界造型。

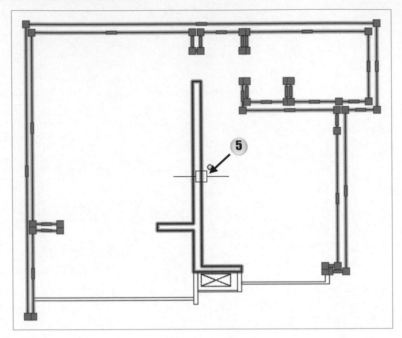

6. 點擊【常用】頁籤→【修改】面板→【移動】按鈕，任意位置點擊左鍵決定基準點，將滑鼠向右移動到適當的位置，再點擊左鍵放置物件。〈參考第四章移動〉。

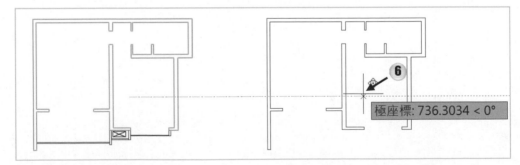

極座標: 736.3034 < 0°

7. 完成圖，選取其中一個牆面邊界的聚合線。

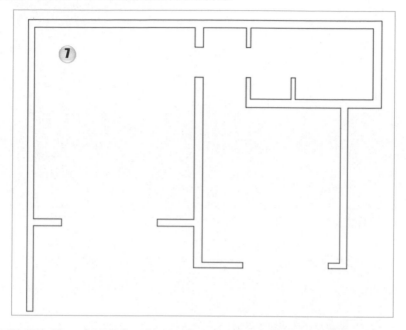

8. 按下滑鼠右鍵→【性質】，性質面板可以查詢封閉聚合線面積、圓的半徑、直線的長度…等資訊。

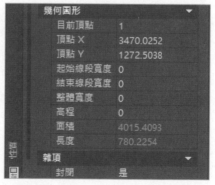

延伸練習

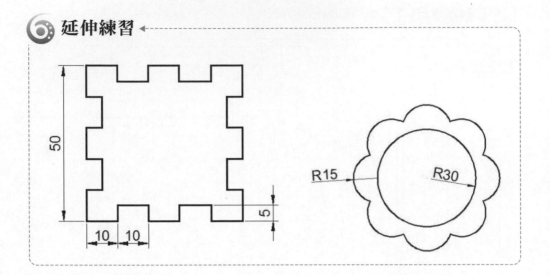

基礎級認證模擬試題

| 模擬練習一 | 圓弧 |

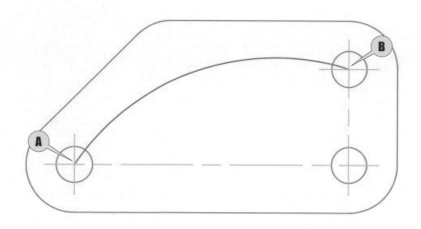

開啟 Plate.dwg

使用圓形的中心點 **A** 和 **B** 建立一個半徑為 40 的圓弧。

請問新圓弧的長度是多少？

答案提示：##.##

模擬練習二　圓形

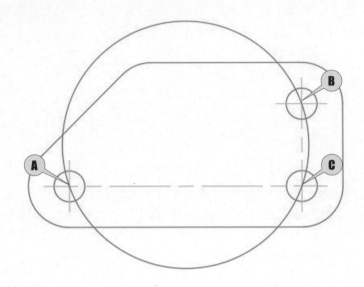

開啟 Plate.dwg

使用圓心 A 、 B 和 C 畫一個圓。

請問新形成的圓直徑是多少？

答案提示：##.##

模擬練習三　多邊形

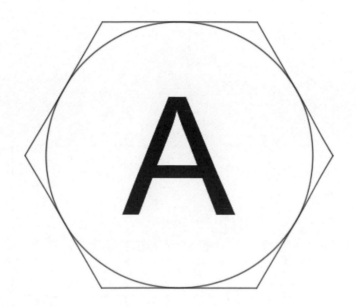

開啟 Sign.dwg

● 在半徑為 10 的圓形標頭 A 上畫一個外切六角形。

請問六角形的面積是多少？

答案提示：###.##

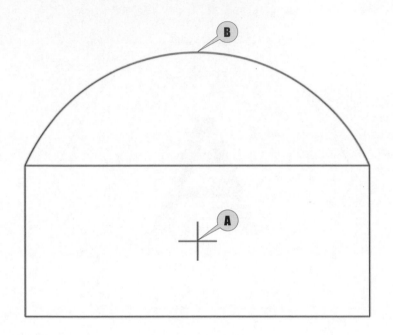

開啟 Rectangle.dwg

● 　以幾何中心點 Ⓐ 為圓弧中心建立一個圓弧 Ⓑ 。

請問圓弧 Ⓑ 的半徑是多少？

答案提示：###.#

模擬練習五　直線

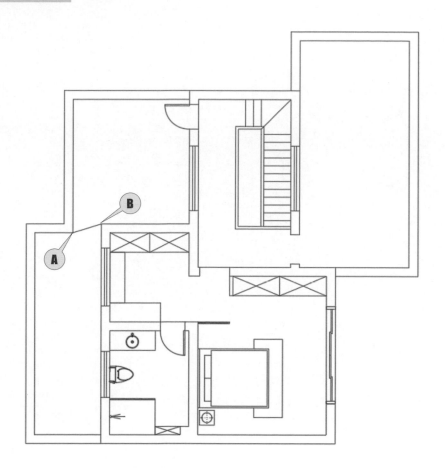

開啟 Building.dwg

- 啟用名為 Balcony（陽台）的視圖。

- 從端點 **A** 到端點 **B** 畫一條線。

請問該線條的差值 X 是多少？

答案提示：##

CHAPTER 3

測量與性質修改

本章介紹

本章節的目標為學習 UCS 座標設定、視圖的切換，以及查詢距離、面積周長，掌握此章節，尤其是量測距離，對於工作與證照考試皆會有所幫助。

本章目標

在完成此一章節後，您將學會：

- 如何設定 UCS 座標
- 利用視圖管理員，做視圖的切換
- 測量兩點間的直線距離、水平與垂直距離

3-1 │ 隔離與隱藏

準備工作

● 繪製任意簡單圖形。

正式操作

1. 選取矩形，按下滑鼠右鍵→【隔離】→【隔離物件】。

2. 可以單獨顯示矩形。

3. 按下滑鼠右鍵→【隔離】→【結束隔離物件】，可以恢復。

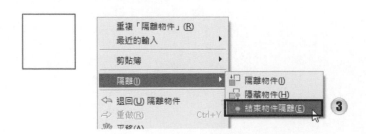

4.　選取矩形，按下滑鼠右鍵→【隔離】→【隱藏物件】，則矩形被隱藏。

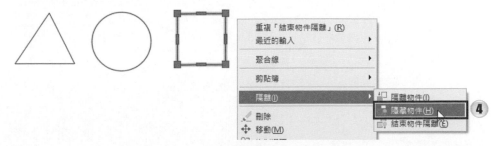

5.　按下滑鼠右鍵→【隔離】→【結束隔離物件】，可以恢復。

3-2 │ VIEW - 視圖

指令	VIEW	快捷鍵	V	圖示	
工具列按鈕	畫面左上角【上】→ 視圖管理員 或檢視頁籤→具名視圖面板→視圖管理員 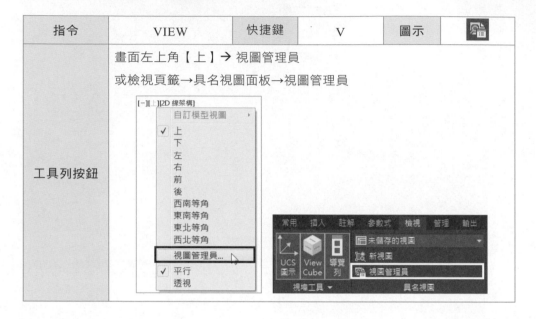				

準備工作

● 開啟範例檔〈3-2_ex1.dwg〉。

正式操作

1. 輸入「V」指令，按下 Enter 鍵。點擊【新建】按鈕，記錄目前視角。

2. 在視圖名稱內輸入「SOFA」，並點擊【定義視窗】。

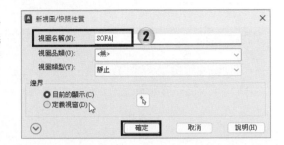

3. 框選沙發區的範圍，並按下 Enter 鍵。

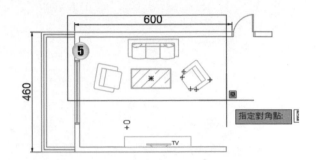

4. 按下【確定】。

5. 此時在模型視圖下會出現【SOFA】的選項，點擊【確定】。

6. 利用滑鼠滾輪將畫面縮小。

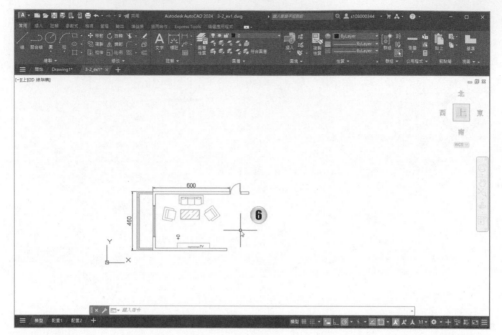

7. 在畫面左上角,點擊【上】→【自訂模型視圖】→【SOFA】,可以切換到 SOFA 視圖。

8. 畫面會切換到剛剛所記錄的 SOFA 視圖。

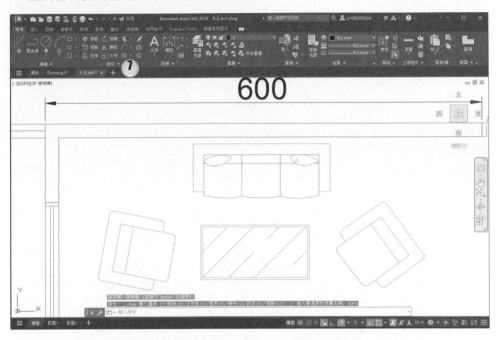

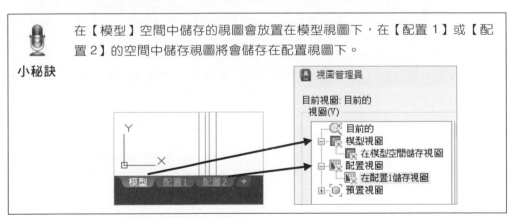

小秘訣

在【模型】空間中儲存的視圖會放置在模型視圖下，在【配置 1】或【配置 2】的空間中儲存視圖將會儲存在配置視圖下。

3-3 │ 測量

測量距離

準備工作

● 任意的繪製一個矩形。

正式操作

1. 輸入「DI」指令，並點擊矩形的左下角端點和矩形的右上角端點。

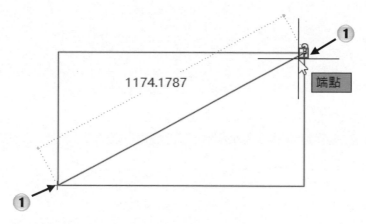

2. 此時會出現兩點的直線距離、水平距離（X 差值）、垂直距離（Y 差值）的量
   測結果。

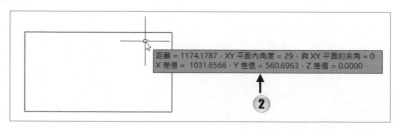

小秘訣　　測量距離後，按下鍵盤的 F2 ，可展開指令列查看之前測量的數值。

3. 點擊【 A ▼ 】→【圖檔公用程式】
→【單位】。

4. 將長度的精確度設定為【0.00】。

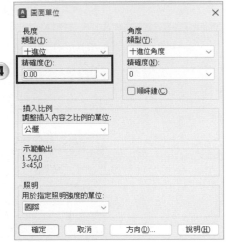

5. 則 DI 指令測量結果為小數位兩
位，會影響測量結果，因此，若考
試題目沒有特別指示，請不要任意
設定此項目。

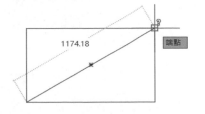

| 操作說明 | LIST 清單指令 |

指令	LIST	快捷鍵	LI	圖示	
工具列按鈕	常用頁籤 → 性質面板下拉選單 → 清單 				

準備工作

● 在畫面中任意的繪製兩條雲形線段，如圖所示。

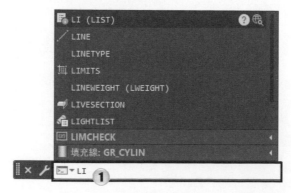

正式操作

1. 在指令區輸入「LI」，並按下 Enter 鍵。

2. 選取雲形線段，並按下 Enter 鍵。

3. 會出現雲形線的資訊視窗，可以查到每一個控制點的座標、長度、周長、面積
等資訊，如圖所示。

4. 若視窗消失，點擊指令區右側的三角形箭頭可以叫出資訊視窗（或按下 F2）。

```
指令: 指定對角點或 [籬選(F)/多邊形窗選(WP)/多邊形框選(CP)]:
指令: LI
LIST 找到 2 個                                    ← 3
            弧          圖層:「0」
                        空間: 模型空間
            處理碼 = 2cb
          中心點 點, X= 4708.64  Y=   681.64  Z=     0.00
          半徑    400.62
            起點 角度     47
            終點 角度    131
        長度    586.91
            弧          圖層:「0」
                        空間: 模型空間
            處理碼 = 2ca
          中心點 點, X= 3955.47  Y=   632.81  Z=     0.00
          半徑    428.70
            起點 角度     52
            終點 角度    124                              4
        長度    538.54
```

5. 點擊【常用】頁籤 →【修改】
面板 →【圓角】的下拉式選
單中點擊【混成曲線】。

6. 點擊兩條雲形線段製作混
成曲線。

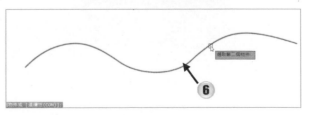

7. 再點擊修改面板下的【接合(J)】指令,框選三條雲形線段,按下 Enter 鍵將線段接合。

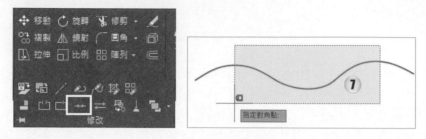

8. 點選線段,並輸入「LI」指令,按下 Enter 鍵。

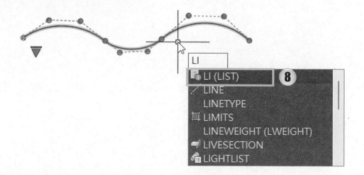

9. 就可以查出新雲形線段的長度,再按一次 Enter 結束。

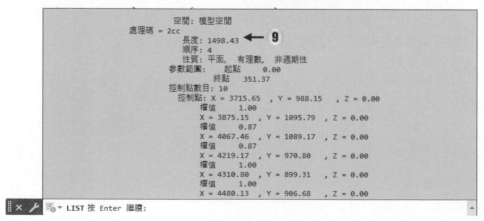

可以將指令列往下方的模型頁籤拖曳後，再按下 F2 鍵，即會出現指令列的文字視窗。

小秘訣

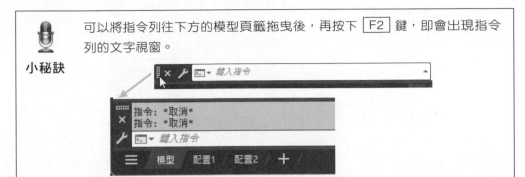

將指令列拖曳離開 模型頁籤，可變回浮動式指令列。

操作說明 測量點位置

指令	ID	快捷鍵	ID	圖示	
工具列按鈕	常用頁籤 → 公用程式面板下拉選單 → 點位置				

準備工作

● 點擊【常用】頁籤 →【繪製】面板 →【線】指令。

正式操作

1. 輸入「0,0」並按下 Enter 鍵，指定線段第一點在原點。

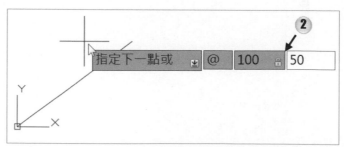

2. 輸入「@100,50」並按下 Enter 鍵，指定第二點。再次按下 Enter 鍵結束線
   段指令。

3. 點擊【常用】頁籤 →【公用程式】面板 →【點位置】。

4. 點擊線段末端端點。

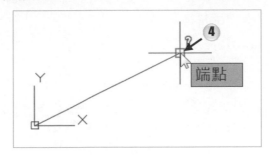

5. 即可查詢到點在 X、Y 方向的座標位置。

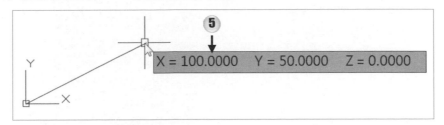

6. 按下鍵盤 F2，可展開指令列，查詢之前測量的座標位置。

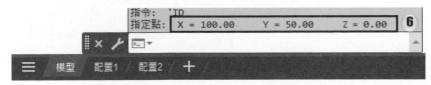

3-4 │ PROPERTIES - 性質面板

性質面板用於檢視或調整圖元的各種屬性。

操作說明　**物件的性質**

1. 請先開啟範例檔〈3-4_ex1.dwg〉，畫面中有一個文字。

2. 點擊「ABC」字體按下滑鼠右鍵，點擊【性質】（或按下 Ctrl +1 鍵）。

3. 在性質面板上方會顯示目前選取的物件類型和數量（沒有數字表示只有選到 1 個物件）。性質面板中可以查詢或修改資訊，在文字下方欄位中的【旋轉】角度輸入「90」，按下 Enter 鍵。

4. 文字的角度就會變更為 90 度，如圖所示。

5. 在性質面板中,在文字下方對正的下拉式選單中點擊【正中】。

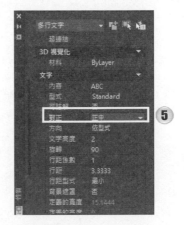

6. 原本的插入點位置就會由左上變成正中對正方式,如右圖所示。

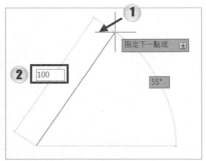

操作說明　顏色與線型

1. 點擊【線】指令,任意點擊左鍵開始畫線,滑鼠往右上方移動。

2. 輸入「100」並按下 Enter 鍵。

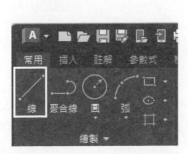

3. 按下 Tab 鍵切換角度，輸入「50」度並按 Enter 。

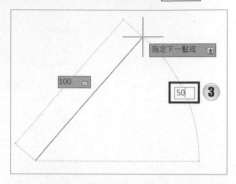

4. 點擊【常用】頁籤 → 【性質】面板 → 線型的下拉式選單 → 【其他】。

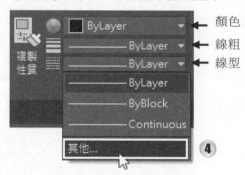

5. 點擊【載入(L)...】，載入其他線型。

6. 選取【HIDDEN】虛線線型，按下【確定】。

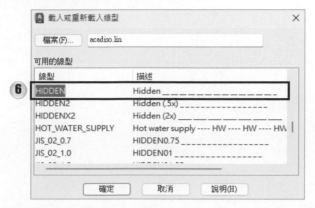

7. 再按下【確定】關閉線型管理員。

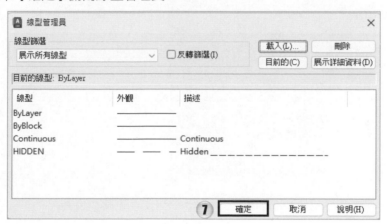

8. 選取直線。

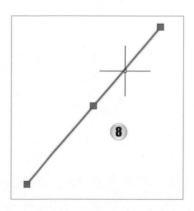

9. 在線型的下拉式選單中，選擇【HIDDEN】，可以把直線線型變成虛線。

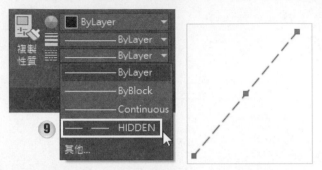

10. 在顏色的下拉式選單中任選一個顏色，變更直線的顏色。

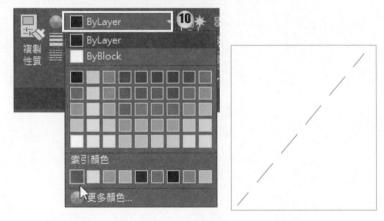

11. 選取直線，按下滑鼠右鍵 → 選擇【性質】。（或按下 Ctrl +1 鍵）

小秘訣　按下「 Ctrl +1 鍵」開啟性質面板時，按鍵盤右側九宮格的數字 1 是無效的，一定要按鍵盤上方的數字 1。再次按下「 Ctrl +1 鍵」可以關閉性質面板。

12. 【線型比例】輸入「2」，虛線比例變大。

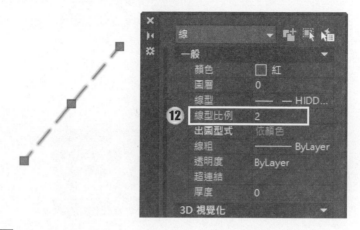

13. 按下 Esc 鍵取消選取直線。

14. 當沒有選取任何物件時，在顏色和線型的下拉式選單中，選擇其他顏色與 Hidden 線型，使之後繪製的圖形皆是這個性質。

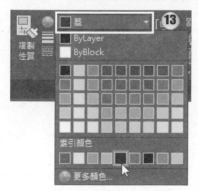
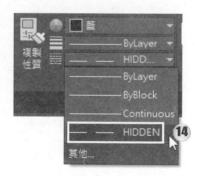

15. 繪製圓形，會發現圓形一開始就是藍色虛線。

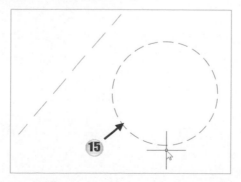

3-5 │ MATCHPROP - 複製性質

複製性質用於複製圖元的格式，可以複製圖元的圖層屬性線型與顏色。也可以用於複製 AutoCAD 3D 中的材質屬性。

指令	MATCHPROP	快捷鍵	MA	圖示	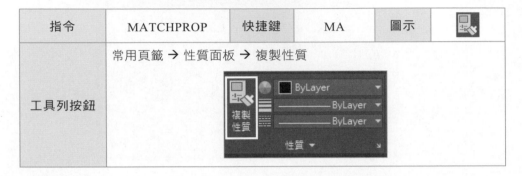
工具列按鈕	常用頁籤 → 性質面板 → 複製性質				

操作說明 複製性質的運用

準備工作

● 任意繪製一個圓與一條線段，並將線段指定為虛線以及變換顏色〈參考前一小節變更線型〉，也可以直接開啟範例檔〈3-5_ex1.dwg〉。

● 點擊【常用】頁籤 →【性質】面板 →【複製性質】按鈕。

正式操作

1. 選擇虛線來當作複製性質的來源物件，此時十字游標會變成刷子的圖示。

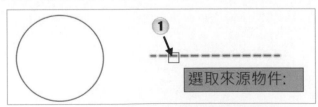

2. 按下滑鼠右鍵,選擇【設定】。

3. 勾選所需要複製的性質後,按下【確定】。

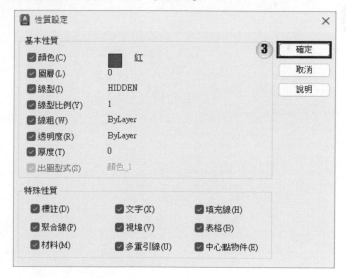

4. 選擇圓來當作複製性質的目標物件。

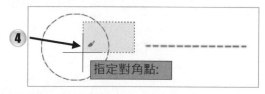

5. 按下 Enter 鍵來結束複製性質。

6. 完成圖。

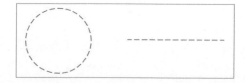

 基礎級認證模擬試題

模擬練習一 標註型式

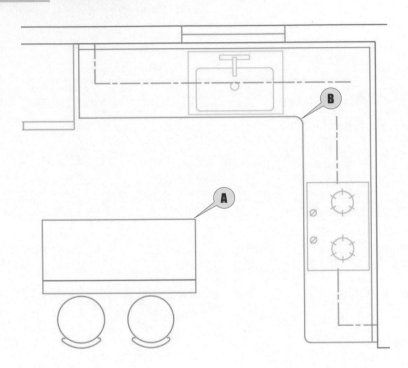

開啟 Home Plane.dwg

請問從餐桌端點 **A** 到流理台圓角中點 **B** 的距離是多少？

_____ ##.##

模擬練習二 性質查詢

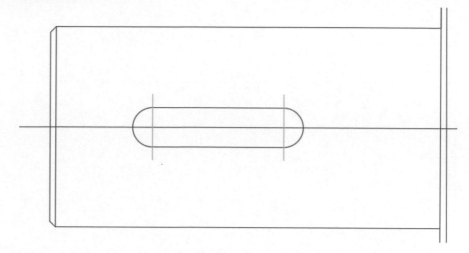

開啟 Shaft.dwg

- 啟用名為 Keyseat（鍵座）的視圖。

- 請問 Keyseat（鍵座）的頂點 Y 值是多少？

＿＿＿＿＿＿＿＿＿＿ ###.##

模擬練習三 數量查詢

開啟 Plate.dwg

請問在 Model（模型）索引標籤上，繪圖區域中有多少物件為線？

注意：可能有看不見的線。

＿＿＿＿＿＿＿＿＿＿ #

模擬練習四　性質設定

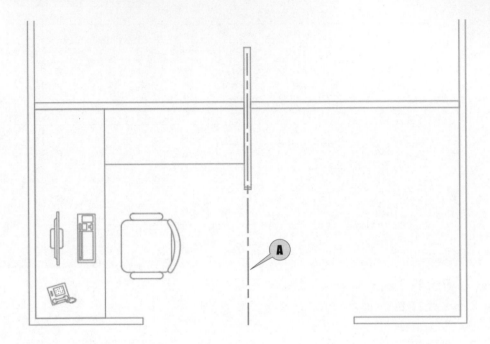

開啟 Office.dwg

● 將鏡射線 Ⓐ 的顏色和線型性質設為 ByLayer。請問鏡射線是什麼顏色？

A. 紅色

B. 洋紅色

C. 青色

D. 綠色

CHAPTER 4

編輯指令

本章介紹

設計變更在設計的流程中往往是比初始設計更加的重要，只了解繪製圖元的功能，而無法適切搭配編輯圖元的使用者，不可能可以設計出令人滿意的成果。在基本圖元構建完成後，除了利用一般編輯指令，來修整圖形之外，更可以利用掣點模式來進行更快速更有效率的設計變更。

本章目標

在完成此一章節後，您將學會：

- 各種圖形的編輯方式
- 包括修剪、複製、旋轉、比例縮放、陣列...等
- 對已經繪製完成的圖形作設計的修改。

4-1 │ MOVE - 移動

將完成的圖元，利用移動指令可以變換至新的位置，通常用於組合不同的零件圖形。

指令	MOVE	快捷鍵	M	圖示	✛ 移動
工具列按鈕	常用頁籤 → 修改面板 → 移動 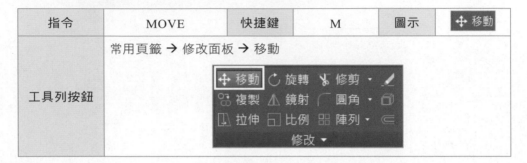				

操作說明 **移動物件**

準備工作

- 任意繪製一個圓與一個矩形。
- 點擊【常用】頁籤 →【修改】面板 →【移動】按鈕。

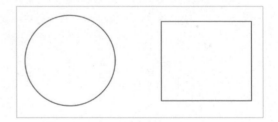

正式操作

1. 選取矩形來當作要移動的目標，按下 Enter 鍵結束選取。

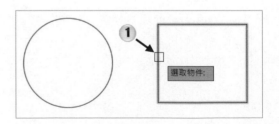

2. 指定矩形的左邊線段中點為基準點。

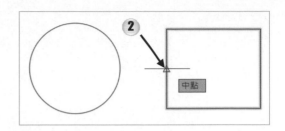

3. 指定第二點〈此為指定物件所要移動的目的地〉，移動到圓的四分點位置，並點擊滑鼠左鍵。矩形原本的位置會有較淡顏色的矩形殘影。

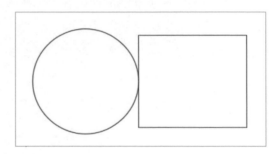

4. 完成圖。

操作說明 **移動指定距離**

準備工作

- 開啟狀態列的物件鎖點。
- 開啟範例檔〈4-1_ex1.dwg〉，檔案內有一大一小的矩形。

正式操作

1. 點擊【常用】頁籤 →【修改】面板 →【移動】指令。

2. 選取小的矩形後點擊 Enter 結束選取。

3. 點擊小矩形左下角端點作為移動基準點。

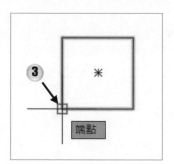

4. 點擊大矩形左下角端點，指定小矩形的位置。

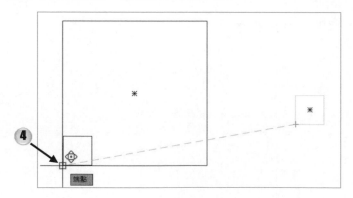

5. 點擊【常用】頁籤 →【修改】
   面板 →【移動】，選取小的矩
   形後按下 [Enter] 結束選取。
   點擊小矩形右上角端點作為
   移動基準點。

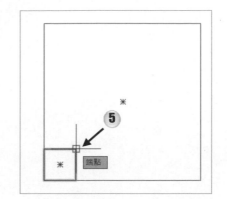

6. 從基準點水平往右移動並輸
   入「10」，按下 [Enter] 鍵。

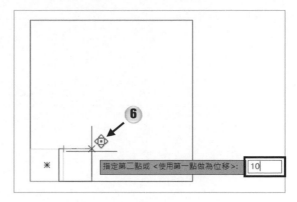

7. 再次點擊【移動】指令，選取
   小的矩形後按下 [Enter] 結束
   選取。並點擊小矩形右上角端
   點作為移動基準點。

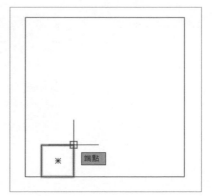

8. 從基準點垂直往上移動並輸入「10」，按下 Enter 鍵。

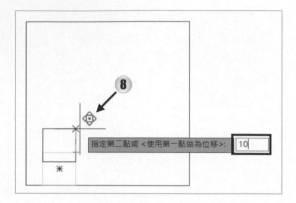

9. 即可完成移動指定距離。

10. 點擊功能區右上角【測量】→【距離】。

11. 點擊小矩形左下角與大矩形的左下角,即可測量出水平與垂直距離皆為 10。

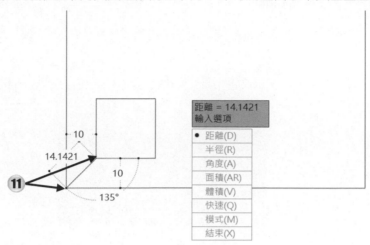

距離 = 14.1421
輸入選項
● 距離(D)
半徑(R)
角度(A)
面積(AR)
體積(V)
快速(Q)
模式(M)
結束(X)

延伸練習

※ 延伸練習的解答請參考教學影片。

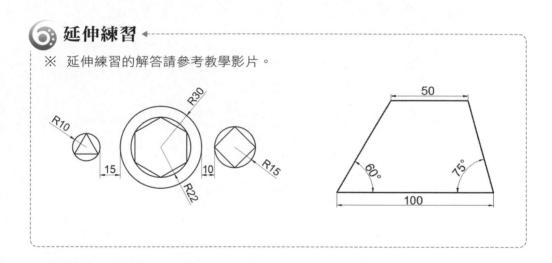

4-2 │ COPY - 複製

複製與移動是關聯的指令，這兩個指令的差別在於複製指令的原圖形會被保留。

指令	COPY	快捷鍵	CO 或 CP	圖示	複製
工具列按鈕	常用頁籤 → 修改面板 → 複製				

工具列按鈕
✛ 移動　⟳ 旋轉　✂ 修剪 ▾　/ ⧉ 複製　⚖ 鏡射　⌐ 圓角 ▾　◻ ⌐ 拉伸　⊟ 比例　⊞ 陣列 ▾　⊂ 修改 ▾

操作說明　複製物件

準備工作

● 開啟範例檔〈4-2_ex1.dwg〉，圖面中有一大一小的矩形。

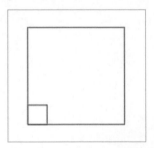

正式操作

1. 點擊【常用】頁籤 →【修改】面板 →【複製】。

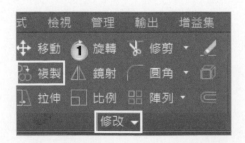

2. 選取小矩形後按下 Enter 結束選取。

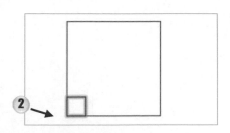

3. 點擊小矩形的左上角端點作為複製基
   準點。

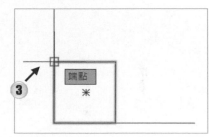

4. 點擊大矩形左上角端點，可以複製矩形
   到左上角，按下 Enter 結束複製。

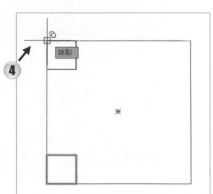

5. 按下空白鍵重複【複製】指令，選取左
   下角小矩形後按下 Enter 結束選取。

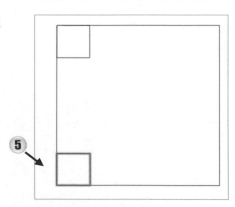

6. 點擊右下角端點作為複製基準點。

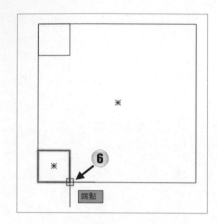

7. 點擊大矩形右下角端點，按下 Enter 結束複製。

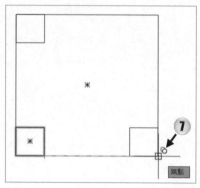

8. 按下空白鍵重複【複製】指令，選取右下角小矩形後按下 Enter 結束選取。

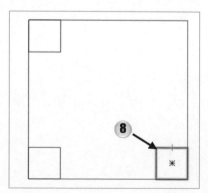

9. 點擊右上角端點作為複製基準點。

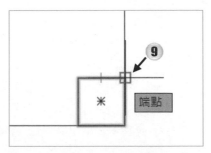

10. 點擊大矩形右上角端點，按下 Enter 結束複製。

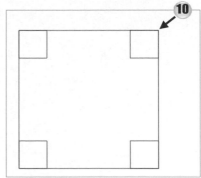

操作說明	**使用基準點複製階梯**

準備工作

- 開啟【常用】頁籤→【公用程式】面板→【點型式】，更換為【 ⊗ 】型式。

- 繪製一個底 100、高 80 的三角形，並且將側邊使用【等分】分為四等分，如右圖所示，或直接開啟範例檔〈4-2_ex2.dwg〉。

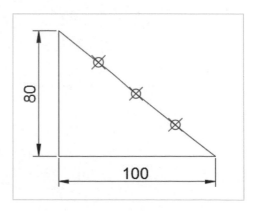

正式操作

1. 點擊【常用】頁籤→【繪製】面板→【線】按鈕。

2. 點擊三角形左上角端點為起點。

3. 從第一個節點往上追蹤，找到追蹤線交點並點滑鼠左鍵，繪製第一條線段。

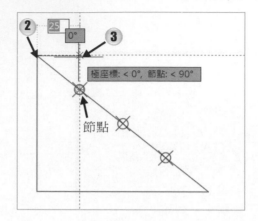

4. 繪製第二條線段，按下 Enter 鍵。

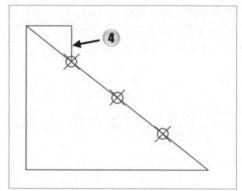

5. 點擊【常用】頁籤→【修改】面板→【複製】按鈕。

6. 選擇第一條線段與第二條線段，按下 Enter 鍵。

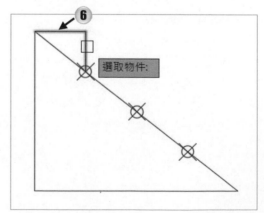

7. 選擇基準點。

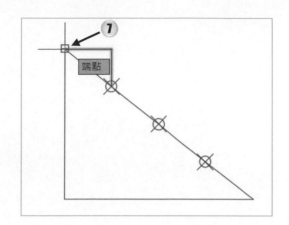

8. 點擊第一個節點（節點與階梯的 端點重疊，所以顯示端點）。

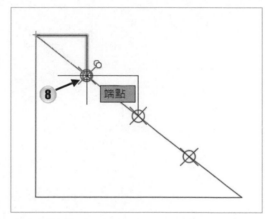

9. 點擊第二個節點。

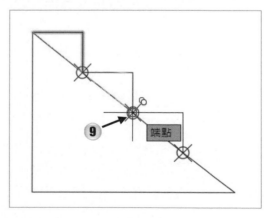

10. 點擊第三個節點，按下 Enter 鍵。

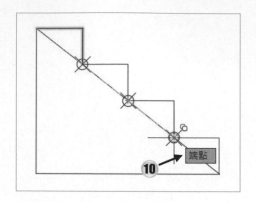

11. 將斜線刪除。

12. 完成圖。

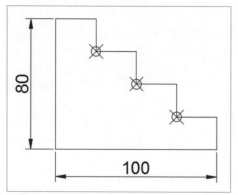

操作說明　使用座標輸入來複製物件

準備工作

- 開啟範例檔〈4-2_ex3.dwg〉。

- 點擊【常用】頁籤 →【修改】面板→
  【複製】。

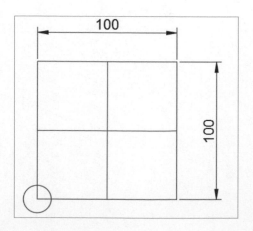

正式操作

1. 選取圓形,按下 Enter 鍵結束選取。

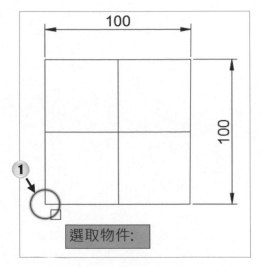

2. 選取圓的中心點,作為基準點。

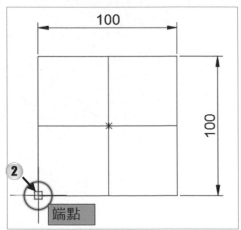

3. 輸入「 @ 0,100 」,按下 Enter 鍵。

4. 可以將圓往上複製 100。

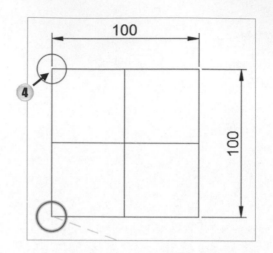

5. 輸入「@100,0」，按下 Enter 鍵。

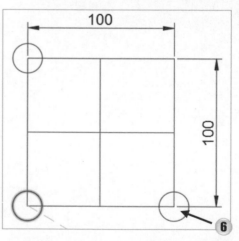

6. 可以將圓往右複製 100。

7. 輸入「@100,100」，按下 Enter 鍵。

8. 可以將圓複製到往右 100 往上
   100 的位置，按下 Enter 鍵結
   束複製指令。

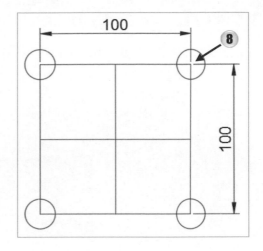

延伸練習

※ 延伸練習的解答請參考教學影片。

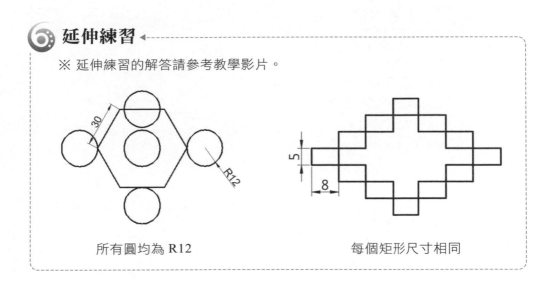

所有圓均為 R12　　　　　每個矩形尺寸相同

4-3 │ ROTATE - 旋轉

　　利用旋轉指令來旋轉圖元時，要先指定基準點做為旋轉的軸心，再輸入旋轉的角度，請注意角度值，正值的角度代表逆時針旋轉，負值的角度代表順時針旋轉。

指令	ROTATE	快捷鍵	RO	圖示	○ 旋轉
工具列按鈕	常用頁籤 → 修改面板 → 旋轉 				

操作說明 **任意旋轉**

準備工作

- 開啟範例檔〈4-3_ex1.dwg〉，有一個【聚合線】繪製的箭頭形狀。
- 點擊【常用】頁籤 →【修改】面板 →【旋轉】按鈕。

正式操作

1. 選取箭頭來當作要旋轉的目標，按下 Enter 鍵結束選取。

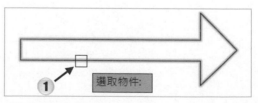

2. 點擊箭頭的左下角來當作基準點。

3. 將滑鼠移動到需旋轉的角度,並點擊滑鼠左鍵〈物件會繞著基準點做旋轉動作〉。

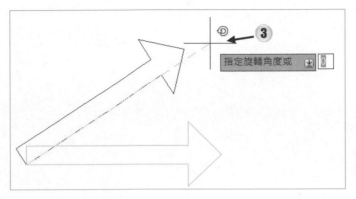

操作說明　指定角度旋轉

準備工作

- 開啟範例檔〈4-3_ex2.dwg〉,如右圖所示圖形。
- 點擊【常用】頁籤 →【修改】面板 →【旋轉】按鈕。

正式操作

1. 選取箭頭來當作要旋轉的目標,按下 Enter 鍵結束選取。

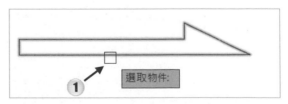

2. 點擊箭頭的左下角來當作基準點。

3. 輸入「30」為指定角度的數值,按下 Enter 鍵確定。

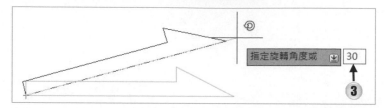

4. 可在底下繪製一水平線,並標
   註角度。

5. 完成圖。

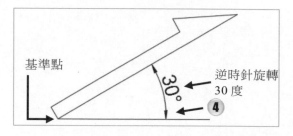

操作說明 旋轉複製

準備工作

● 繪製一條長度 100 的水平線。

● 點擊【常用】頁籤 →【修改】面板 →【旋轉】按鈕。

正式操作

1. 選取線來當作要旋轉的
   目標,按下 Enter 鍵結
   束選取。

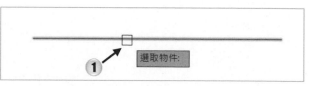

2. 點擊線的左側端點來當
   作基準點。

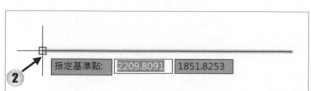

3. 按下滑鼠右鍵，選擇【複製】。

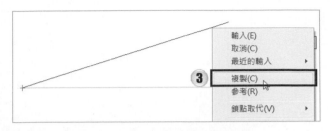

4. 輸入「60」為指定角度的數值，按下 Enter 鍵來輸入數值。

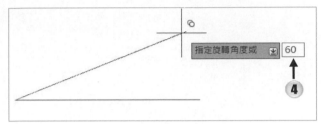

5. 點擊【常用】頁籤 →【修改】面板 →【旋轉】按鈕。

6. 選擇水平線為旋轉的目標，按下 Enter 鍵結束選取。

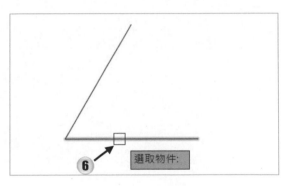

7. 點擊線的左側端點來當作基準點。

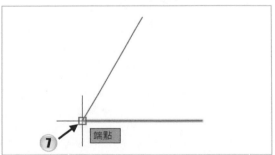

8. 按下滑鼠右鍵，選擇【複製】。

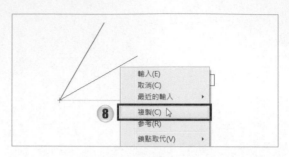

9. 輸入「-30」為指定角度的數值，按下 Enter 鍵確定。

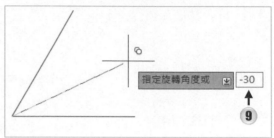

10. 完成圖。

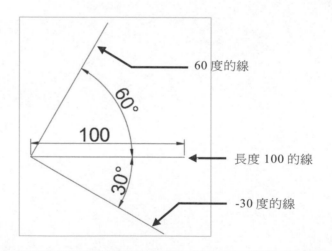

60 度的線

長度 100 的線

-30 度的線

旋轉角度的計算，逆時針為正，順時針為負。

小秘訣

操作說明　旋轉參考、複製

準備工作

- 開啟範例檔〈4-3_ex3.dwg〉，或是自行繪製如右圖形。

- 繪製方式是先任意繪製一個矩形，開啟【物件鎖點】，使用【聚合線】指令對齊矩形的左下角往上繪製一個箭頭樣式。

- 點擊【常用】頁籤 →【修改】面板 →【旋轉】按鈕。

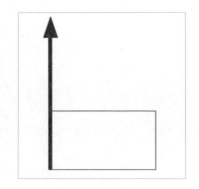

正式操作

1. 選擇箭頭來當作要旋轉的目標，按下 Enter 鍵結束選取。

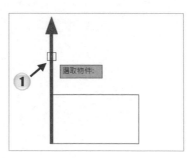

2. 點擊箭頭的下方端點來當作基準點。

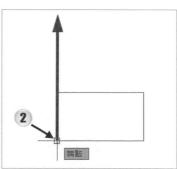

3. 按下滑鼠右鍵，選擇【複製】。

4. 再次點擊右鍵，選擇【參考】。

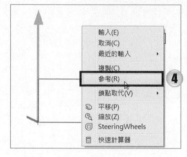

5. 選擇箭頭的下方端點來指定參考角度的第一點。

6. 選擇箭頭的上方端點來指定參考角度的第二點。

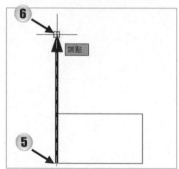

7. 點擊矩形的右上角來指定新角度。

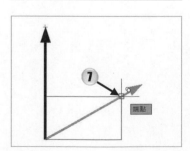

8. 完成圖。

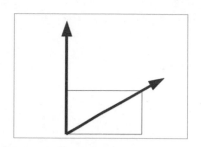

| 操作說明 | 旋轉參考、指定參考點 |

旋轉參考、指定參考點

可以使要旋轉的物件參考旁邊物件的角度。使物件 A 旋轉至與物件 B 的角度相同，使兩物件平行。

準備工作

● 開啟範例檔〈4-3_ex4.dwg〉，檔案中有一個櫃子圖示以及線段，目標是將櫃子旋轉為線段的角度。

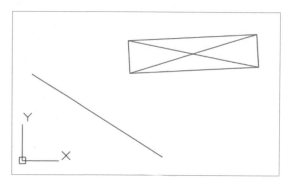

正式操作

1. 點擊【常用】頁籤 → 【修改】面板 → 【旋轉】。

2. 選取整個櫃子後點擊按下 Enter 鍵結束選取。

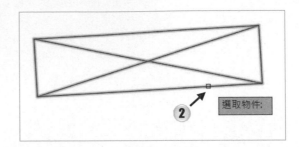

3. 點擊櫃子左上角端點作為旋轉基準點。

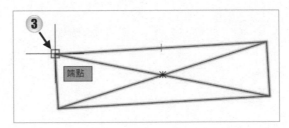

4. 在下方【指令列】中點擊「參考」。

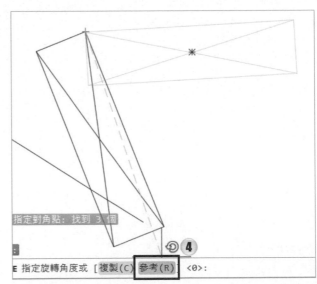

5. 點擊櫃子左上角端點作為參考第一點。

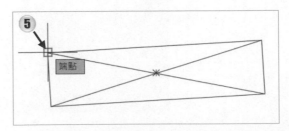

6. 點擊櫃子右上角端點作為參考第二點。

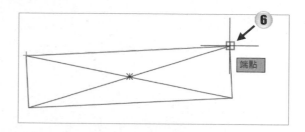

7. 在下方【指令列】中點擊「點」。

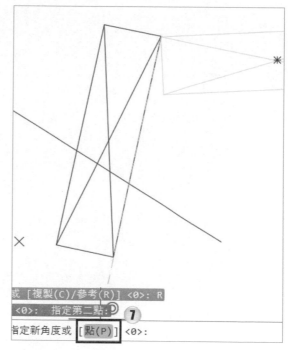

8. 點擊線段左上角端點作為參考第一點。

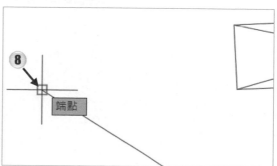

9. 點擊線段右下角端點作為參考第二點。

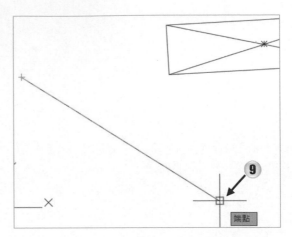

10. 即可完成旋轉參考。

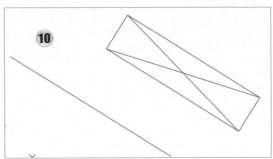

延伸練習

※ 延伸練習的解答請參考教學影片。

4-4 | OFFSET - 偏移

　　偏移指令用於複製平行線與同心圓，原來圖元與複製圖元的垂直距離即為偏移距離，有別於複製可以往各方向產生同樣的圖形。請注意偏移時要先輸入偏移距離。

指令	OFFSET	快捷鍵	O	圖示	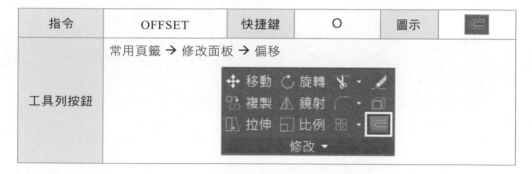
工具列按鈕	常用頁籤 → 修改面板 → 偏移				

操作說明 　**通過偏移**

準備工作

* 開啟【點型式】，設定為【 ⊗ 】樣式。
* 繪製一條高 60、寬 100 的 L 型線條。
* 點擊【常用】頁籤 →【修改】面板 →【偏移】按鈕。

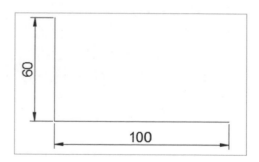

正式操作

1. 輸入「100」來指定偏移的距離，按下 Enter 鍵確定。

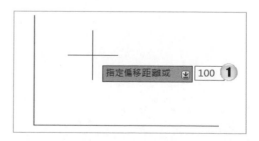

指定偏移距離或 　100 **①**

2. 選取左邊長度 60 的線段來當作要偏
   移的物件。

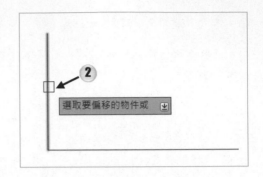

3. 將滑鼠向右邊移動來決定要偏移的方向，並且點擊滑鼠左鍵。此動作用來決定
   偏移的方向。

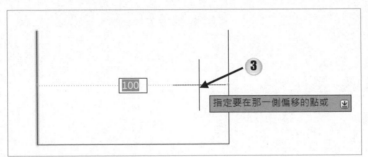

4. 按下 Enter 鍵來結束這次的偏移。

5. 點擊【常用】頁籤 →【修改】面板 →
   【偏移】按鈕。

6. 輸入「60」為偏移的距離，按下 Enter
   鍵。

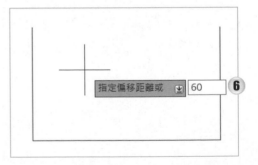

7. 選取下方長度 100 的線段來當作要偏移的物件。

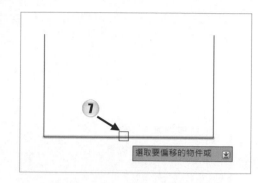

8. 將滑鼠向上方移動來決定要偏移的方向，並且點擊左鍵。此動作用來決定偏移的方向。

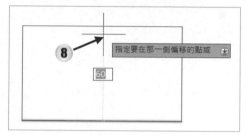

9. 按下 Enter 鍵，結束偏移。

10. 點擊【常用】頁籤 →【繪製】面板中的下拉式功能表 →【等分】按鈕。將上方線段分為三等分。

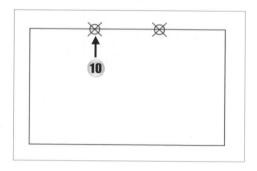

11. 點擊【常用】頁籤 →【修改】面板 →【偏移】按鈕。

12. 按下滑鼠右鍵，選擇【通過】指令，開啟通過模式，不用輸入距離而以十字游標來決定偏移圖元的通過點。

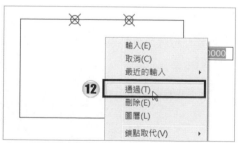

13. 選擇左邊的線段來當作要偏移的物件。

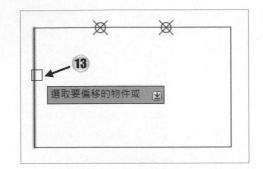

14. 指定通過點。點擊第一個節點後,出現通過此點的第一條偏移線。

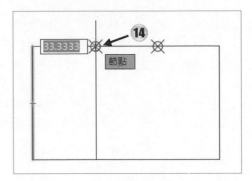

15. 選擇剛剛新增的偏移線段來當作要偏移的物件。

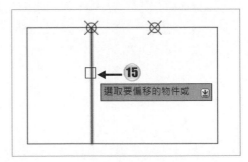

16. 指定通過點。點擊第二個節點後,出現通過此點的第二條偏移線。

17. 按下 Enter 鍵來結束這次的偏移。

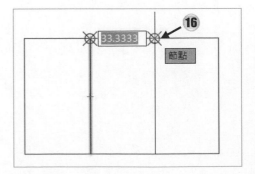

操作說明 **多重偏移**

準備工作

● 繪製一個半徑 20 的圓。

● 點擊【常用】頁籤 →【修改】面板 →【偏移】按鈕。

正式操作

1. 輸入「5」來指定偏移的距離，按下 Enter 鍵來輸入數值。

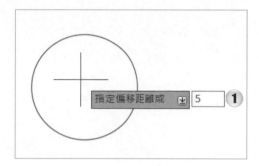

2. 選取圓作為要偏移的物件。

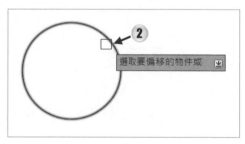

3. 按下滑鼠右鍵，選擇【多重】指令〈選擇多重指令可連續偏移物件〉。

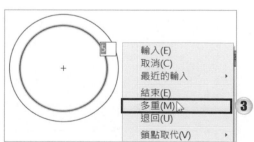

4. 將滑鼠移到圓的外面來指定要偏移的方向〈此時外圍的圓為偏移結果預覽〉。

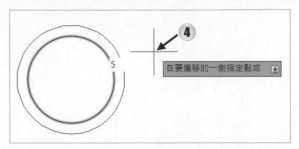

5. 點擊滑鼠左鍵，點擊一下則會產生一個偏移圓，依次往外按下 3 次滑鼠左鍵，則產生三個外部偏移圓〈此時最外側的圓為偏移結果預覽〉。

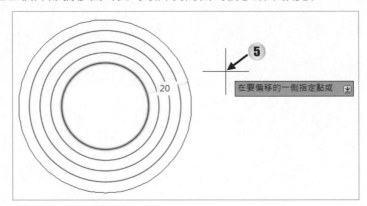

6. 按下 Enter 鍵結束這次偏移，再次按下 Enter 鍵結束偏移指令。

7. 完成圖。

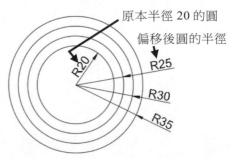

原本半徑 20 的圓
偏移後圓的半徑

小提醒　將圓向外偏移時，偏移後圓的半徑＝原本圓的半徑＋偏移距離；圓向內偏移時，偏移後圓的半徑＝原本圓的半徑-偏移距離，每偏移一次會累加一次。

延伸練習

※ 延伸練習的解答請參考教學影片。

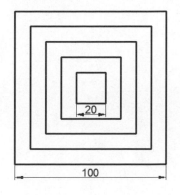

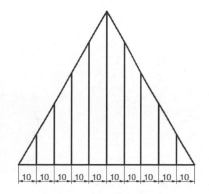

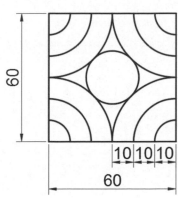

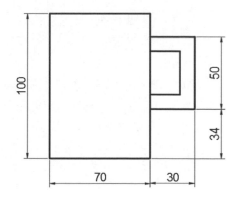

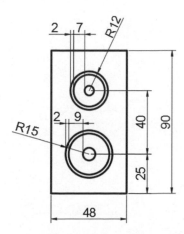

4-5 │ TRIM - 修剪

　　利用修剪指令可以將相交且雜亂的圖形整理成乾淨封閉的造型，當圖元過短未相交時可開啟延伸選項，將圖元視為無限大，如此就可處理各種不同的修剪模式。

指令	TRIM	快捷鍵	TR	圖示	✂ ▾
工具列按鈕	常用頁籤 → 修改面板 → 修剪 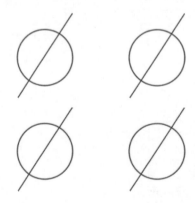				

操作說明　任意修剪

準備工作

- 繪製物件，如下圖所示，或直接開啟範例檔〈4-5_ex1.dwg〉。
- 點擊【常用】頁籤→【修改】面板→【修剪】按鈕。

正式操作

1. 點擊圓內線段,可以將線段修
   剪到最近的交點,也就是圓形
   內被修剪掉。

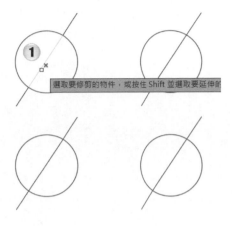

2. 修剪圓外線段。

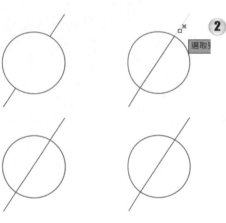

3. 在空白處按住滑鼠左鍵拖
   曳,可修剪被曲線通過的線
   段。

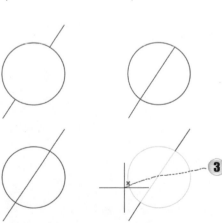

4. 在空白處按一下滑鼠左鍵，出現虛線直線，再按下滑鼠左鍵修剪被直線通過的
    線段。

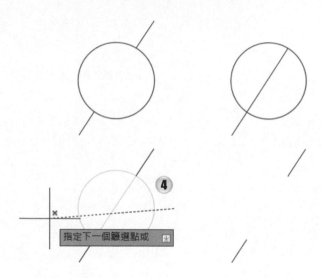

5. 按下 ⌑Enter⌑ 鍵完成修剪。

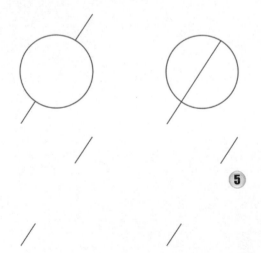

操作說明　選取修剪邊緣

準備工作

● 開啟範例檔〈4-5_ex2.dwg〉，圖面中有一個未完成的衣櫃圖示。

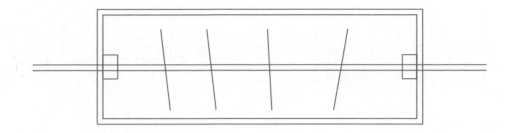

正式操作

1. 先選取兩條線段，作為修剪邊緣。

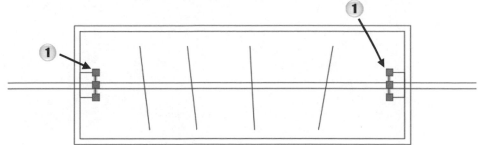

2. 再點擊【修剪】指令，選取要修剪的線段，就能一口氣修剪到此邊緣，不用分段修剪。

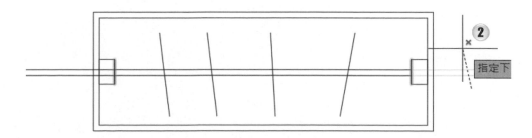

3. 修剪另一側線段，按下 Enter 鍵完成修剪。

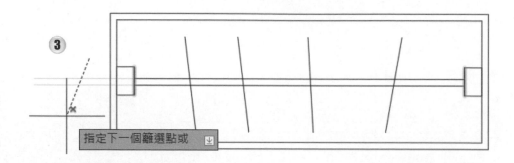

操作說明　**標準修剪**

　　標準修剪也就是 AutoCAD 舊版本的修剪模式，若是已經習慣舊版修剪模式，也可以切換回標準模式。

準備工作

● 　開啟範例檔〈4-5_ex1.dwg〉。

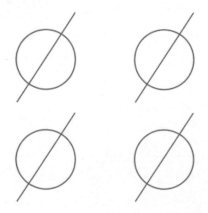

正式操作

1. 點擊【修剪】指令,選擇【模式】。

2. 切換為【標準】模式,按下 Enter 鍵設定完畢。

3. 點擊【修剪】指令,必須先選取修剪邊緣,按下 Enter 鍵。

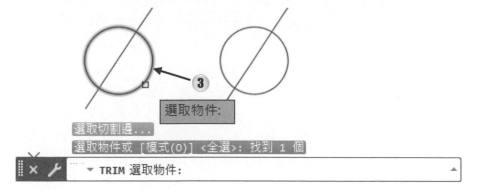

4. 才能做修剪的動作,如下圖所示,按下 Enter 鍵結束指令。

5. 點擊【修剪】指令，選擇【模式】。

6. 點擊【快速】模式，可以切換回新版的修剪模式。

延伸練習

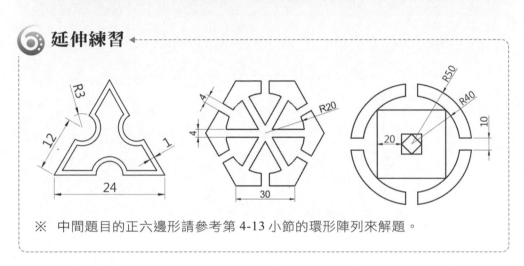

※ 中間題目的正六邊形請參考第 4-13 小節的環形陣列來解題。

4-6 │ EXTEND - 延伸

延伸指令用於將圖元延伸至指定的目標圖元。與修剪指令相同，可利用延伸選項，將線段視為無限長。

指令	EXTEND	快捷鍵	EX	圖示	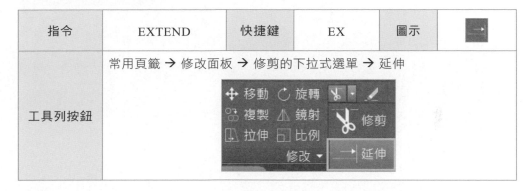
工具列按鈕	常用頁籤 → 修改面板 → 修剪的下拉式選單 → 延伸				

操作說明　延伸的運用

延伸指令也有快速與標準兩種模式，設定選項的方法與修剪指令相同，需注意設定模式時，會同時影響到延伸與修剪兩個指令。此處僅示範快速模式。

準備工作

● 開啟範例檔〈4-6_ex1.dwg〉，檔案中有一個衣櫃圖示。

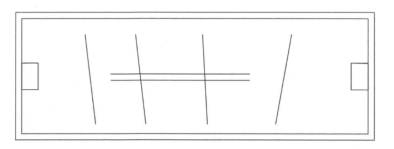

正式操作

1. 點擊【常用】頁籤 →【修改】面板 →【修剪】下拉選單 →【延伸】指令。

2. 在空白處按住滑鼠左鍵繪製虛線曲線，被曲線通過的線段，會延伸到最近的線段。

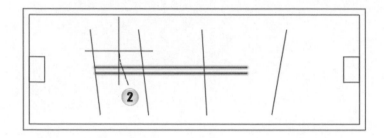

3. 再繪製一次虛線曲線，延伸第二次，按下 Enter 鍵完成指令。

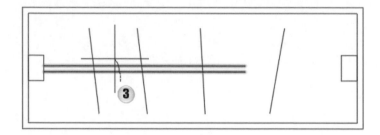

4. 也可以先選取右側矩形，作為延伸的邊界。

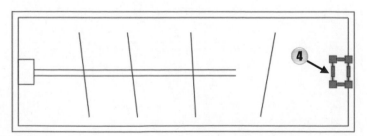

5.　再點擊【延伸】指令。

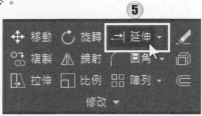

6.　選取要延伸的線段，選取的線段會延伸到此邊界，不需要分兩次延伸。

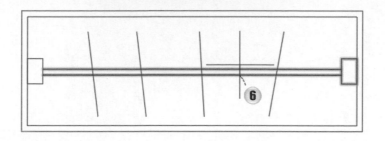

延伸練習

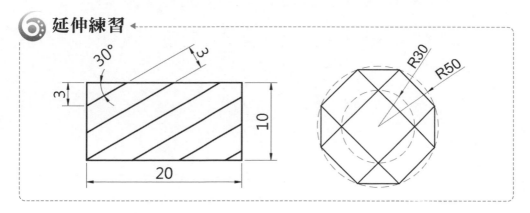

4-7 | FILLET - 圓角

圓角用於將圖元相交的直角轉換成圓弧，配合 Shift 鍵也可以接合未相交的圖元。聚合線圓角可以一次將聚合線內部所有直角轉換為圓角，相當具有效率。

指令	FILLET	快捷鍵	F	圖示	
工具列按鈕	常用頁籤 → 修改面板 → 圓角 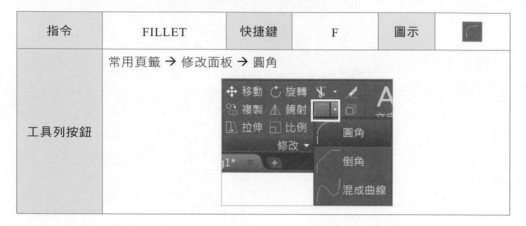				

操作說明　平行線圓角

準備工作

- 任意繪製兩條等長且平行的線段。
- 點擊【常用】頁籤 →【修改】面板 →【圓角】按鈕。

正式操作

1. 點選上方線段偏右邊的位置，當作製作圓角的第一個物件。

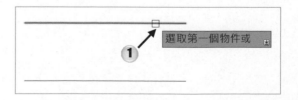

2. 點選下方線段偏右邊的位置，當作製作圓角的第二個物件。

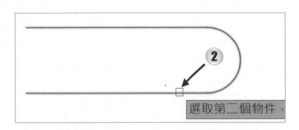

3. 點擊【常用】頁籤 → 【修改】面板 → 【圓角】按鈕。

4. 點選上方的線段偏左邊的位置，當作製作圓角的第一個物件。

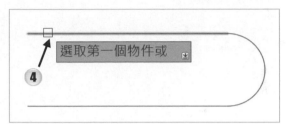

5. 點選下方的線偏左邊的位置，當作製作圓角的第二個物件。

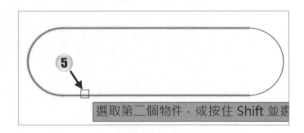

操作說明　**單一圓角**

準備工作

● 開啟範例檔〈4-7_ex1.dwg〉。

● 點擊【常用】頁籤 → 【修改】面板 → 【圓角】按鈕。

正式操作

1. 點擊滑鼠右鍵，選擇【半徑】。

2. 輸入「3」為圓角半徑後，按下
   Enter 鍵來指定半徑數值。

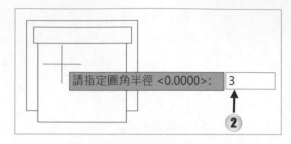

3. 選擇箭頭指示的線段來當作製作圓角的第一個物件。

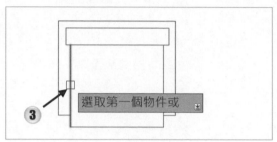

4. 選擇箭頭指示的線段來當作製作圓角的第二個物件。

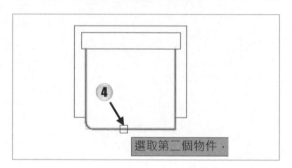

5. 依照上述步驟來完成右邊圓角。

6. 完成圖。

 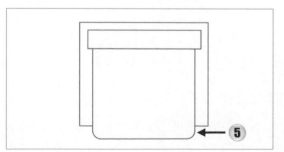

| | 圓角要先設定半徑，再選取兩條邊線製作圓角。 |
| 小秘訣 | |

操作說明　聚合線圓角

準備工作

- 延續上一小節的圖元操作。
- 點擊【常用】頁籤 →【修改】面板 →【圓角】按鈕。

正式操作

1. 按下滑鼠右鍵，選擇【半徑】。

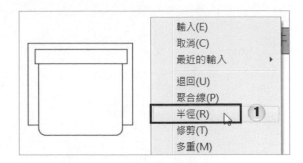

2. 輸入「2」為圓角半徑，按下 Enter 鍵來指定半徑數值。

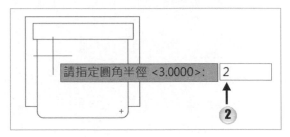

3. 按下滑鼠右鍵，選擇【聚合線】，來開啟聚合線圓角選項。

4. 選擇上方的矩形。

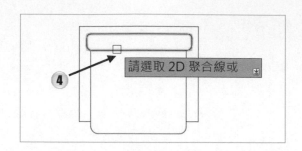

請選取 2D 聚合線或

5. 依照上述步驟來完成外圍的
矩形。

6. 完成圖。

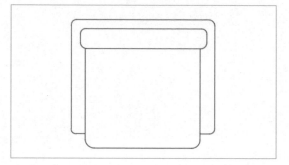

小秘訣 聚合線圓角可以一次
完成聚合線上所有轉
角的圓角。

操作說明 內凹型相切弧

準備工作

- 繪製一個半徑 12 的圓，一個半徑 17 的圓，兩個圓之間的距離為 50，如下圖所示，也可以直接開啟範例檔〈4-7_ex2.dwg〉。

- 點擊【常用】頁籤 → 【修改】面板 → 【圓角】按鈕。

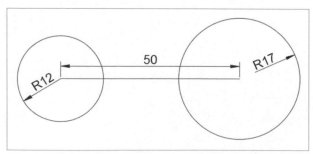

正式操作

1.　按下滑鼠右鍵，選擇【半徑】。

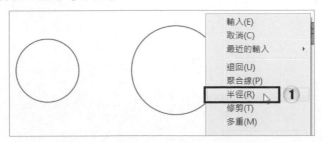

2.　輸入「30」為圓角半徑，按下 Enter 鍵來指定半徑數值。

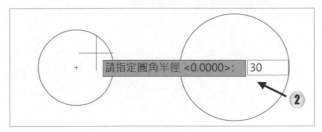

3.　選擇箭頭指示的位置來當作製作圓角的第一個物件。

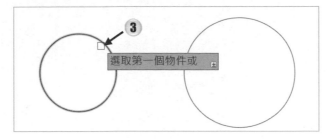

4.　選擇箭頭指示的位置來當作製作圓角的第二個物件。

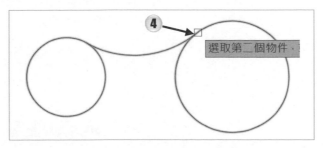

5. 按下滑鼠右鍵，選擇【半徑】。

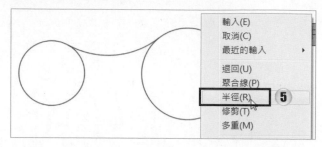

6. 輸入「60」為圓角半徑，按下 Enter 鍵來指定半徑數值。

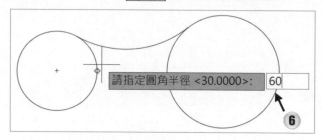

7. 選擇箭頭指示的位置來當作製作圓角的第一個物件。

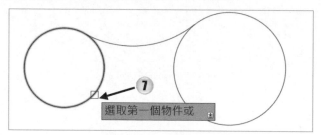

8. 選擇箭頭指示的位置來當作製作圓角的第二個物件。

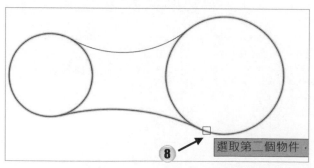

9. 完成圖。

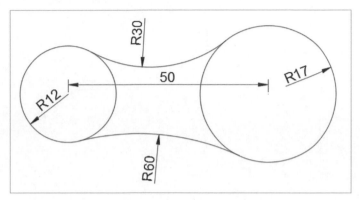

小提醒

【圓角】可快速取代圓的【相切、相切、半徑】的功能，可以省去使用【相切、相切、半徑】來產生內凹型相切弧後，還需使用修剪功能的步驟。

操作說明 **使用 Shift 鍵製作轉角**

準備工作

- 任意繪製三條線段，此三條線未連接，如下圖。
- 點擊【常用】頁籤 →【修改】面板 →【圓角】按鈕。

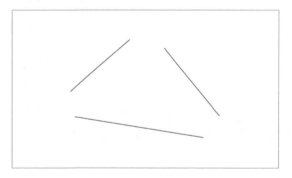

正式操作

1. 按下滑鼠右鍵，選擇【多重】。

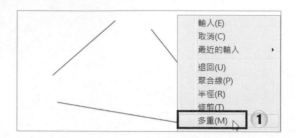

2. 選擇箭頭指示的位置來當作製作圓角的第一個物件。

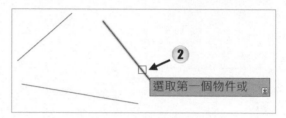

3. Shift 鍵按住不放，選擇箭頭指示的位置來當作製作圓角的第二個物件。

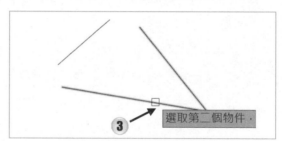

4. 選擇箭頭指示的位置來當作製作圓角的第一個物件。

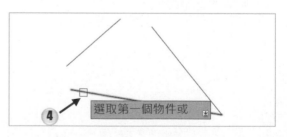

5. Shift 鍵按住不放，選擇箭頭指示的位置來當作製作圓角的第二個物件。

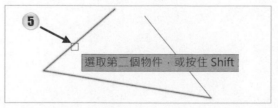

6. 使用同樣的方式，將圖形上方
   完成。

7. 完成圖。

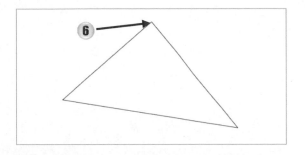

| 　小秘訣 | 在圓角指令中，按住 Shift 鍵代表圓角等於零。 |

延伸練習

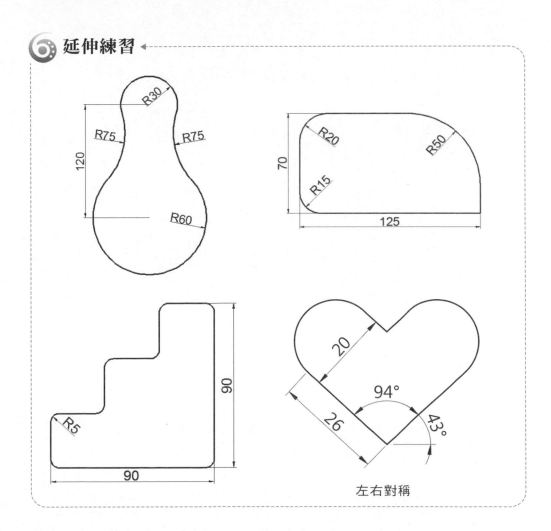

左右對稱

4-8 | CHAMFER - 倒角

倒角可將直角線段切除,轉變成斜線段,倒角的種類分成距離與角度兩種類型。

指令	CHAMFER	快捷鍵	CHA	圖示	
工具列按鈕	常用頁籤 → 修改面板 → 圓角的下拉式選單 → 倒角 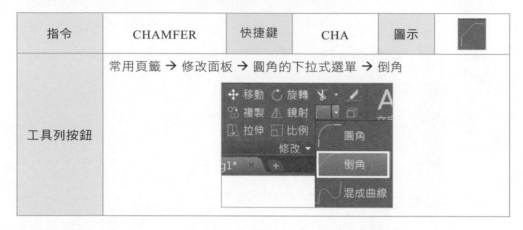				

操作說明 距離型倒角

準備工作

- 繪製兩條長度 60 的線段,並呈現 L 型。
- 點擊【常用】頁籤 →【修改】面板 →【圓角】按鈕中的下拉式選單 →【倒角】按鈕。

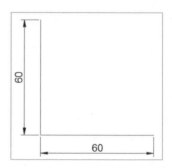

正式操作

1. 按下滑鼠右鍵,選擇【距離】。

2. 輸入「30」為第一個倒角的距離，按下 Enter 鍵。

3. 輸入「10」為第二個倒角的距離，按下 Enter 鍵。

4. 選擇第一個物件，此時選擇下方線條，來決定此線條倒角距離為 30。

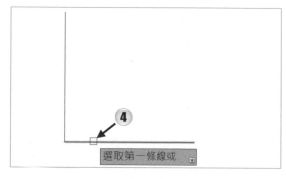

5. 選擇第二個物件，此時選擇左側線條，來決定此線條倒角距離為 10。

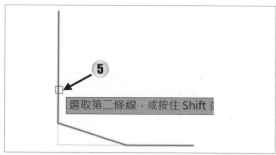

6. 完成圖。

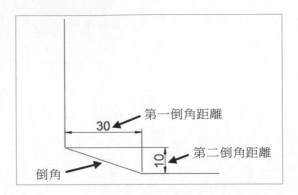

第一倒角距離

30

第二倒角距離

10

倒角

小秘訣

倒角要先設定距離，再執行操作。請注意距離的順序要與選取物件的順序相同，例如上圖中先設定距離為 30，就必須先選取橫向的線段。

操作說明　角度型倒角

準備工作

* 繪製兩條長度為 60 的線段，並呈現 L 型。

* 點擊【常用】頁籤 → 【修改】面板 → 【圓角】
  按鈕中的下拉式選單 → 【倒角】按鈕。

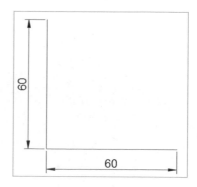

正式操作

1. 按下滑鼠右鍵，選擇【角度】。

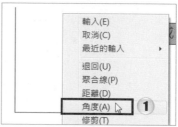

2. 輸入「20」為第一條線的倒角
   的長度，按下 Enter 鍵。

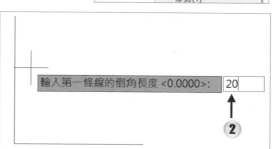

3. 輸入「35」為第一條線的倒角
   角度,按下 Enter 鍵。

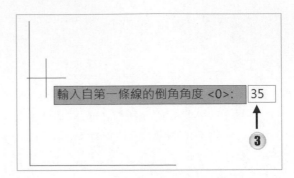

4. 選擇第一個物件,此時選擇下
   方線條,來決定此線條倒角長
   度為 20。

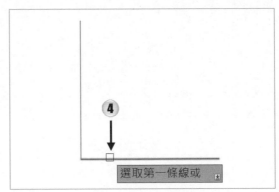

5. 選擇第二個物件,此時選擇左
   側線條,來決定第二條線。

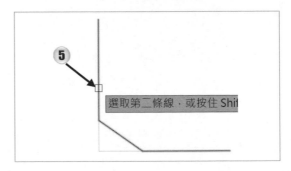

6. 完成圖。

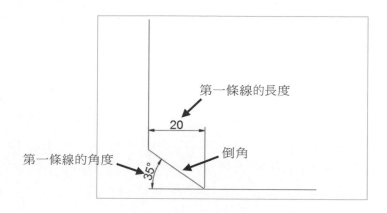

第一條線的長度

第一條線的角度

倒角

小秘訣

角度型倒角的角度指的是第一倒角長度的鄰角。

操作說明　關閉修剪模式來保留原線段

準備工作

- 繪製兩條長度為 60 的線段，並呈現 L 型。

- 點擊【常用】頁籤 → 【修改】面板 → 【圓角】按鈕中的下拉式選單 → 【倒角】
  按鈕。

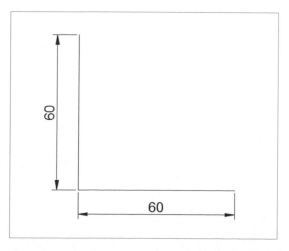

正式操作

1. 按下滑鼠右鍵，選擇【距離】。

2. 輸入「10」為第一個倒角的距離，按下 Enter 鍵。

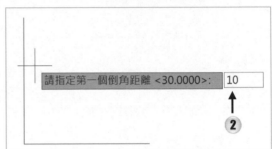

3. 輸入「30」為第二個倒角的距離，按下 Enter 鍵。

4. 按下滑鼠右鍵，選擇【修剪】。

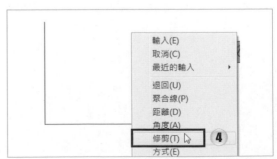

5. 選擇修剪模式的選項,此時選擇【不修剪】。

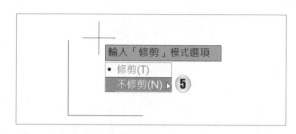

6. 選擇第一個物件,此時選擇下方線段,來決定此線段倒角距離為 10。

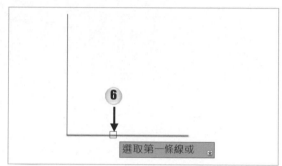

7. 選擇第二個物件,此時選擇左側線段,來決定此線段倒角距離為 30。

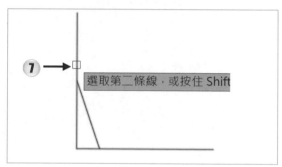

8. 完成圖(大部分情況下,修剪模式選為【修剪】即可)。

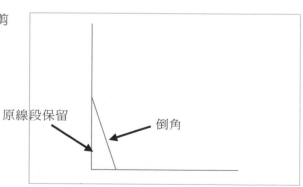

延伸練習

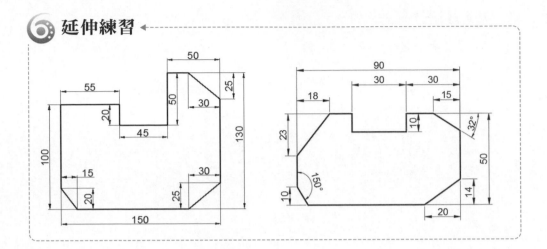

4-9 │ BLEND - 混成曲線

混成曲線用於連接弧、圓與雲形線，會以相切的條件來接合圖元，在曲線造形設計上為重要的指令。

指令	BLEND	快捷鍵	BLE	圖示	
工具列按鈕	常用頁籤 → 修改面板 → 圓角的下拉式選單 → 混成曲線 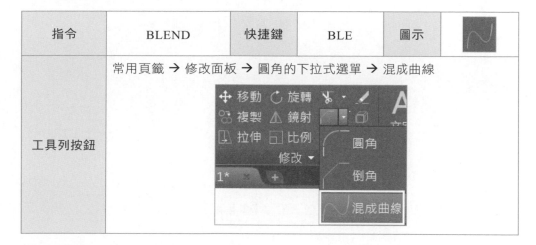				

操作說明 　**混成曲線的運用**

準備工作

- 開啟範例檔〈4-9_ex1.dwg〉。

- 點擊【常用】頁籤 →【修改】面板 →【圓角】按鈕中的下拉式選單 →【混成曲線】按鈕。

正式操作

1.　選取第一條線段靠近下方的位置，來決定第一個要混成曲線的來源物件。

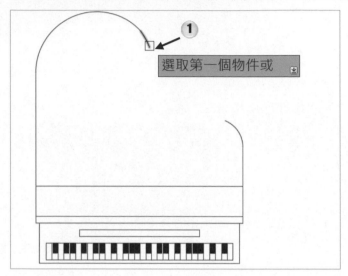

2.　選取第二條線段靠近上方的位置，來決定第二個要混成曲線的來源物件〈此時將滑鼠移動到任意的線段，都會出現預覽的混成曲線〉。

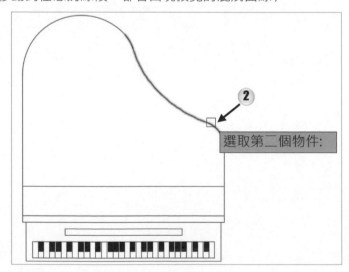

3. 完成圖。

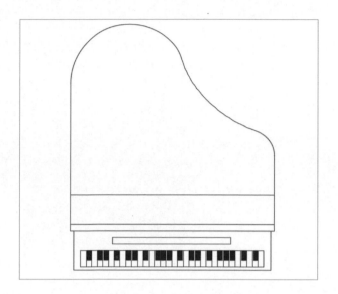

延伸練習

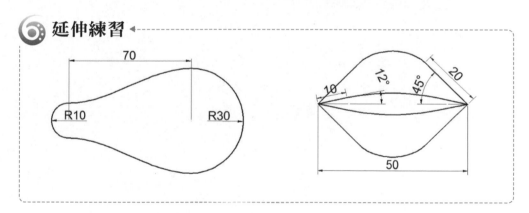

4-10 │ MIRROR - 鏡射

鏡射指令用於將指定的圖元複製出一組對稱的物件，必須指定兩點做為鏡射線。如果要對文字做鏡射，必須修改 MIRRTEXT 參數。

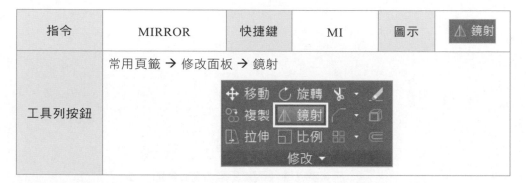

指令	MIRROR	快捷鍵	MI	圖示	⚠ 鏡射
工具列按鈕	常用頁籤 → 修改面板 → 鏡射					

操作說明　鏡射的運用

準備工作

- 開啟範例檔〈4-10_ex1.dwg〉。
- 點擊【常用】頁籤 →【修改】面板 →【鏡射】按鈕。

正式操作

1. 指定窗選第一點。
2. 指定窗選第二點，選取瓦斯爐與開關圖元，按下 Enter 鍵來確定選取。

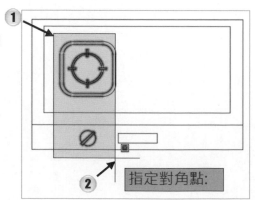

指定對角點：

3. 點擊下方線段的中點為鏡射的第一點。

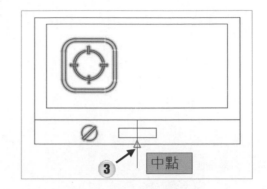

4. 點擊上方線段的中點為鏡射的第二點。

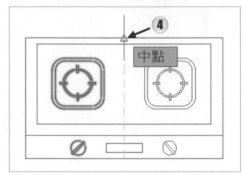

5. 按下 Enter 鍵或選擇【否】，來取消刪除來源〈此動作為取消刪除原本作為鏡射的物件，如果要刪除原物件，輸入 Y 即可刪除〉。

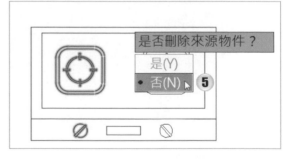

6. 完成圖。

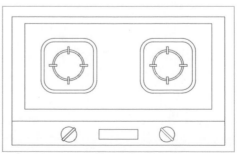

操作說明　鏡射的運用

　　在對稱於線段的兩個小圓，製作與小圓相切的任意半徑圓形，則圓形中心點必定會在此線段上。

準備工作

- 繪製一條線段與一個半徑 10 的小圓，如右圖。
- 點擊【常用】頁籤 →【修改】面板 →【鏡射】按鈕。

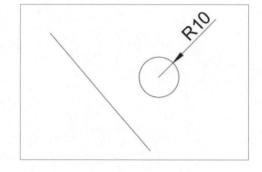

正式操作

1. 選擇小圓，按下 Enter 鍵來確定選取。

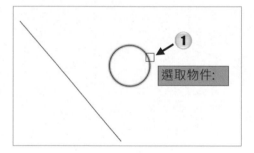

2. 點擊線段下方端點為鏡射的第一點。

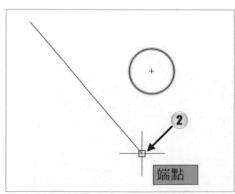

3. 點擊線段上方端點為鏡射的第二點。

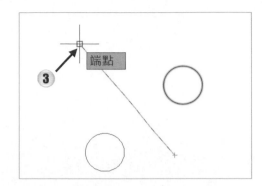

4. 按下 Enter 鍵或選擇【否】來取消刪除來源，成功將圓鏡射至另一側。

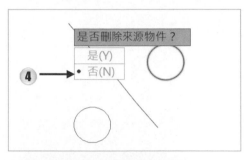

5. 點擊【相切、相切、半徑】指令。

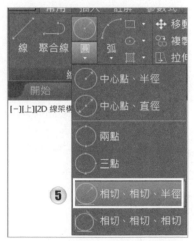

6. 點擊左邊圓作為第一相切位置。

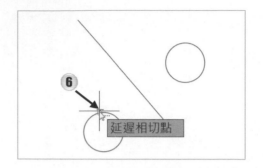

7. 點擊右邊圓作為第二相切位置。

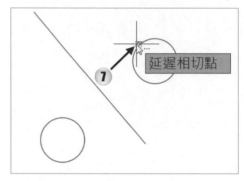

8. 輸入半徑「20」，按下 Enter 鍵。

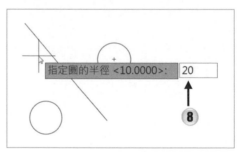

9. 完成圖。因左右對稱的關係，不論
   大圓半徑多少，大圓中心點必定會在
   此線段上。

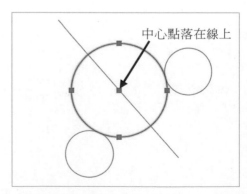

延伸練習

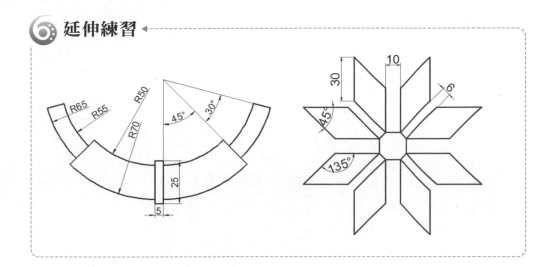

4-11 │ SCALE - 比例

比例可將圖元依比例倍數做縮放，也可以在縮放時同時複製物件。參考模式可以將目前圖元縮放為目標尺寸，是調整圖元尺寸的重要指令。

指令	SCALE	快捷鍵	SC	圖示	比例
工具列按鈕	常用頁籤 → 修改面板 → 比例 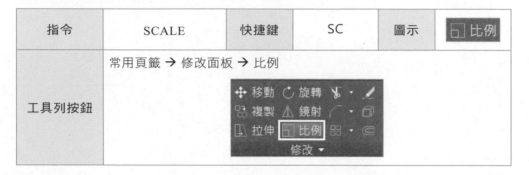				

操作說明　複製比例

準備工作

● 繪製一個半徑 50 的圓。

● 點擊【常用】頁籤 →【修改】面板 →【比例】按鈕。

正式操作

1. 選擇圓後，按下 Enter 鍵。

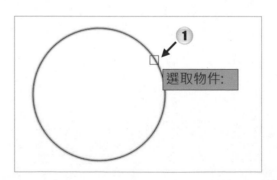

2. 選擇圓的中心點來當作基準點。

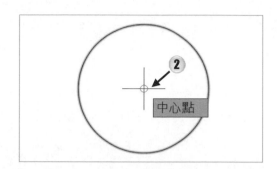

3. 按下滑鼠右鍵，選擇【複製】。

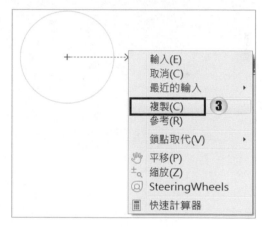

4. 輸入「0.5」為比例數值，按下
   Enter 鍵來確定。

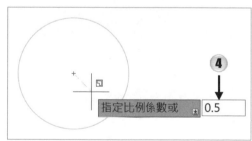

5. 完成圖。

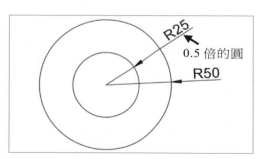

操作說明 **使用參考指令（輸入數值）**

準備工作

- 開啟範例檔〈4-11_ex1.dwg〉。
- 點擊【常用】頁籤 →【修改】面板 → 【比例】按鈕。

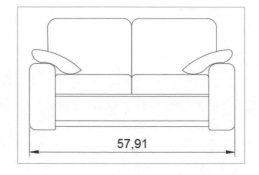

正式操作

1. 框選整個沙發後，按下 Enter 鍵。

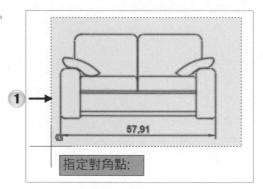

2. 選擇沙發的左邊中點來當作基準點。

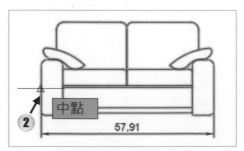

3. 按下滑鼠右鍵，選擇【參考】。

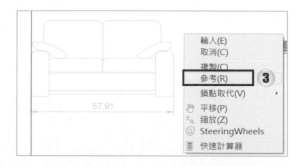

4. 選擇沙發的左邊中點來指定
   第一個參考長度點。

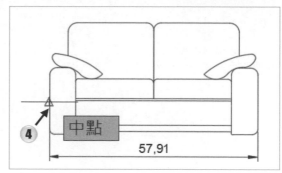

5. 選擇沙發的右邊中點來指定
   第二個參考長度點，可得到兩
   點間距離作為參考長度。

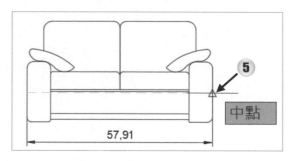

6. 輸入「80」為新長度數值，按下 Enter 鍵來確定數值。

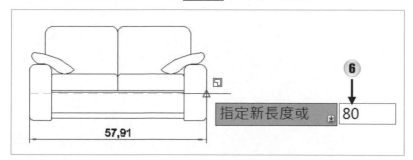

7. 完成圖。

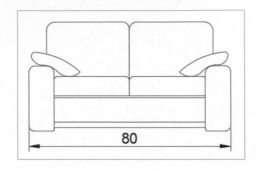

延伸練習

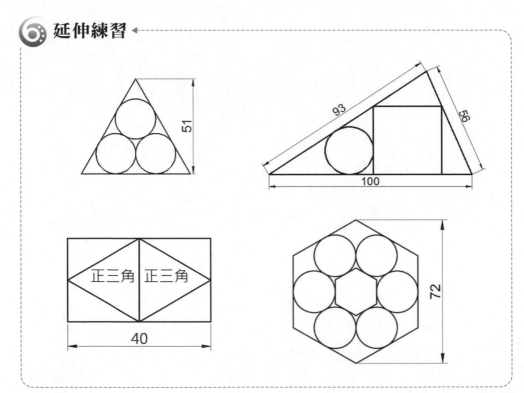

4-12 │ STRETCH - 拉伸

拉伸用於調整圖元某一部分的尺寸，例如拉長螺栓的螺紋部分長度，要注意的是必須用框選（綠色選取框）來選取要變動的部分。

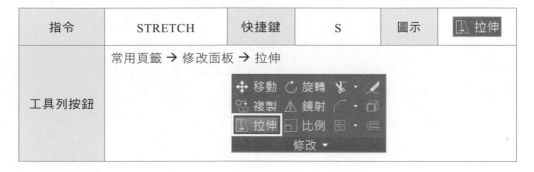

指令	STRETCH	快捷鍵	S	圖示	拉伸
工具列按鈕	常用頁籤 → 修改面板 → 拉伸 移動　旋轉 複製　鏡射 拉伸　比例 修改				

操作說明 **拉伸的運用**

準備工作

- 開啟範例檔〈4-12_ex1.dwg〉。
- 點擊【常用】頁籤 →【修改】面板 →【拉伸】按鈕。

正式操作

1. 框選床的右邊來當作要拉伸的對象，按下 Enter 鍵來結束選取。

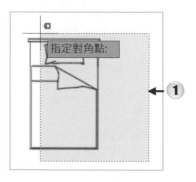

指定對角點：

2.　指定右邊中點為基準點。

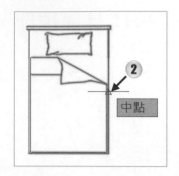

3.　將十字游標往右拖動，則會出現極座標追蹤虛線，可看見被框選的部分正隨著
　　滑鼠的拖動而改變長度。而被框選的物件會整個移動。

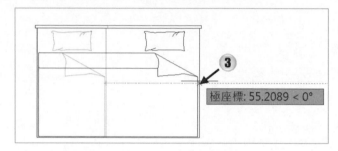

4.　輸入「30」為拉伸距離的數值，按下 Enter 鍵。

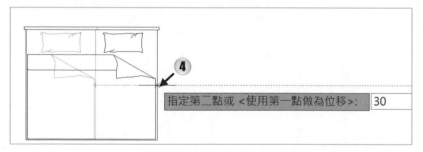

5.　將枕頭向右複製到適當位置。

6.　完成圖。

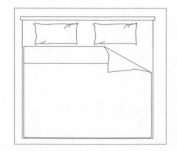

小提醒 拉伸一定要使用框選，才能正確選取到要變形的圖元。

若框選範圍如左下圖所示，只框選到枕頭與棉被折角的一半，則折角會變形，枕頭是圖塊不能被拉伸，無變化，如右下圖（圖塊詳細介紹請參考第九章）。

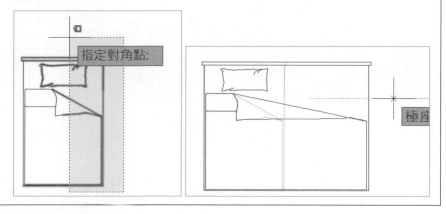

操作說明 **拉伸的運用 2**

準備工作

● 開啟範例檔〈4-12_ex2.dwg〉，圖面中有一個床的圖示，且下方標示床的寬度為 166.78。請將床拉伸至 182 的寬度。

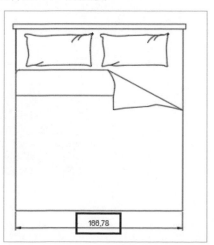

正式操作

1. 點擊【常用】頁籤→【線】指令。並
   將床左下角的端點作為線段第一點。

2. 往右繪製一條水平線並輸入「182」後
   按下 Enter 鍵。

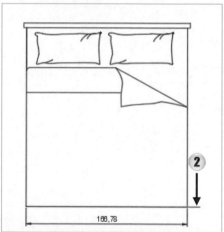

3. 點擊【修改】頁籤 →【拉伸】。

4. 框選床的右半邊（如左圖）。框選完後如右圖所示。

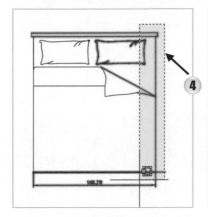 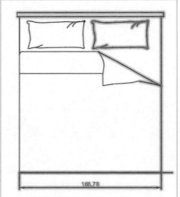

5. 按住 Shift 可以點擊 182 的線段，可
   以取消選取，如右圖按下 Enter 結束
   選取。

6. 點擊床右下角作為拉伸端點。

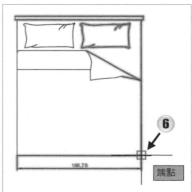

7. 往右拉伸至 182 線段的右側端點，完成
　　床的寬度調整。

延伸練習

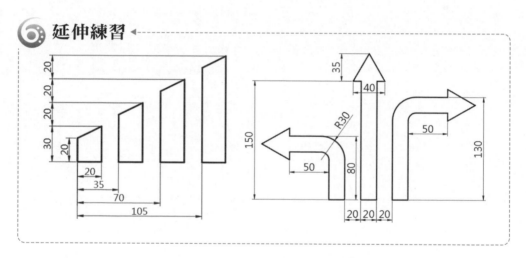

4-13 │ ARRAYPOLAR - 環形陣列

使用環形陣列必須先指定中心點做為旋轉中心，輸入項目的數目與佈滿的角度來完成環繞式的圖元複製。

指令	ARRAYPOLAR	快捷鍵	AR→PO	圖示	
工具列按鈕	常用頁籤 → 修改面板 → 陣列的下拉式選單 → 環形陣列 				

操作說明　環形陣列的運用

準備工作

- 開啟範例檔〈4-13_ex1.dwg〉。

- 開啟【極座標追蹤】。

- 點擊【常用】頁籤 →【修改】面板 →【陣列】按鈕中的下拉式選單 →【環形陣列】按鈕。

正式操作

1. 框選或窗選椅子，按下 Enter 鍵來確定選取。

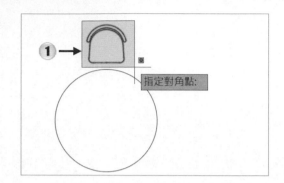

2. 指定圓的中心點來當作環形陣列的中心點。

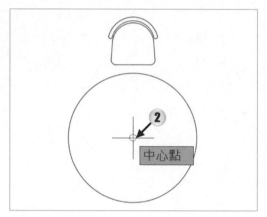

3. 按下滑鼠右鍵，選擇【項目】。

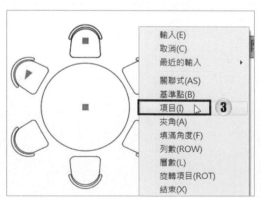

4. 輸入「8」為需要陣列的數目，按
   下 Enter 鍵來輸入數目。

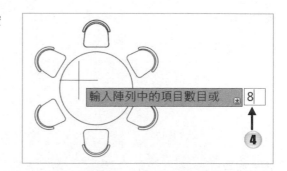

5. 點擊滑鼠右鍵，選擇【關聯式】。

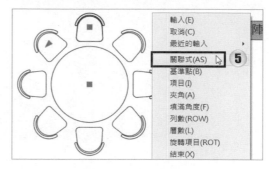

6. 選擇【是】，陣列結束後，依然
   可以修改陣列的項目、角度等數
   值。

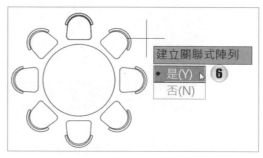

7. 按下 Enter 鍵結束陣列。

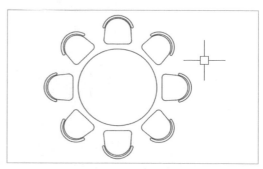

8. 選取椅子，繪圖區上方會出現陣列數值。

9. 將項目輸入「5」，【填滿】的角度輸入「150」。

10. 點擊【方向】按鈕，可切換陣列方向。

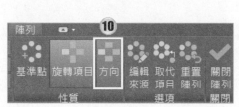
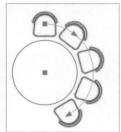

11. 點擊【旋轉項目】按鈕，可使陣列物件方向不旋轉，保持原本角度。

12. 完成圖。

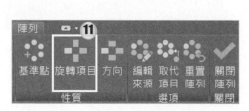

延伸練習

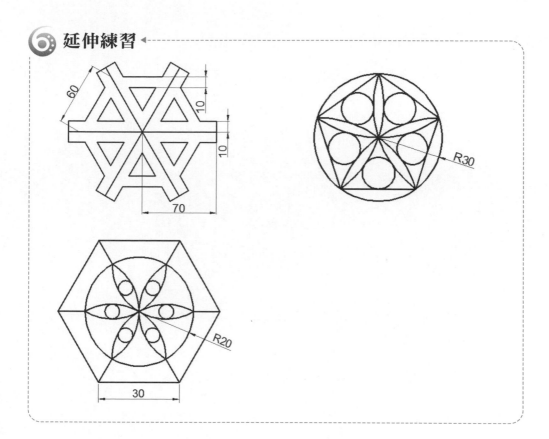

4-14 │ ARRAYRECT - 矩形陣列

矩形陣列用於將圖元複製出規則的行列排列，可設定間距與項目，來指定陣列項目的大小與距離。

指令	ARRAYRECT	快捷鍵	AR→R	圖示	
工具列按鈕	常用頁籤 → 修改面板 → 陣列的下拉式選單 → 矩形陣列 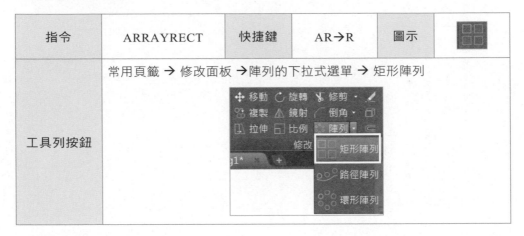				

操作說明 **矩形陣列的運用**

準備工作

- 繪製一個長 30、寬 20 的矩形。
- 點擊【常用】頁籤 →【修改】面板 →【陣列】按鈕中的下拉式選單→【矩形陣列】按鈕。

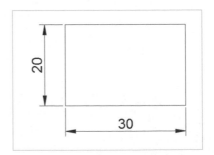

正式操作

1. 選取矩形來當作陣列的目標，按下 Enter 鍵來確定選取。

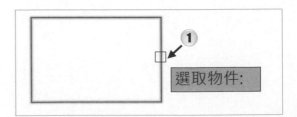

2. 按下滑鼠右鍵，選擇【基準
   點】。

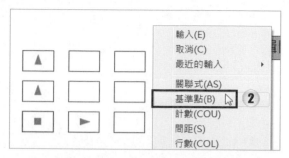

3. 選擇矩形的左下角端點來當
   作基準點。

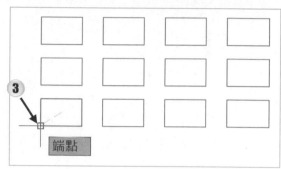

4. 點擊下方中間的三角形掣
   點，藍色掣點會變成紅色。

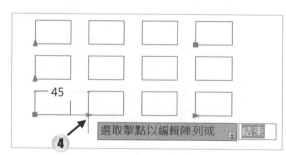

5. 輸入「55」為行間距，按下
   Enter 鍵來確定數值。

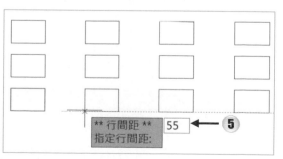

6. 點擊左側中間的三角形掣點。

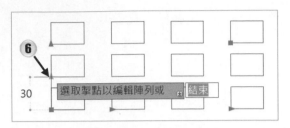

7. 輸入「45」為列間距,按下 Enter 鍵來確定數值。

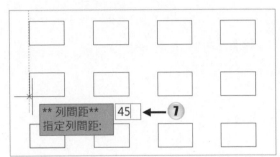

8. 點擊右下方的三角形掣點。

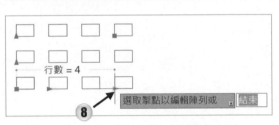

9. 輸入「5」為橫向(行)的數目,按下 Enter 鍵來決定數值。

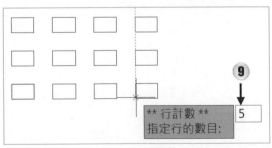

10. 點擊左上方的三角形掣點。

11. 輸入「2」為直向（列）的數目，按下 ⌈Enter⌋ 鍵來確定數值。

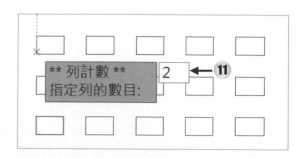

12. 按下 ⌈Enter⌋ 鍵結束陣列，完成圖。

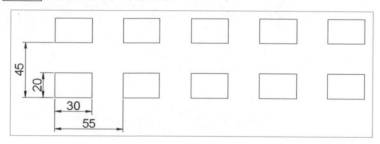

 小秘訣　陣列時，也可直接在上方面板設定間距或陣列數目。若將【關聯式】開啟，陣列結束後，再點選矩形，依然可在此面板更改數值。若【關聯式】關閉，則陣列結束後，就無法再更改陣列數值。

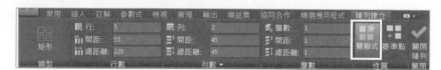

延伸練習

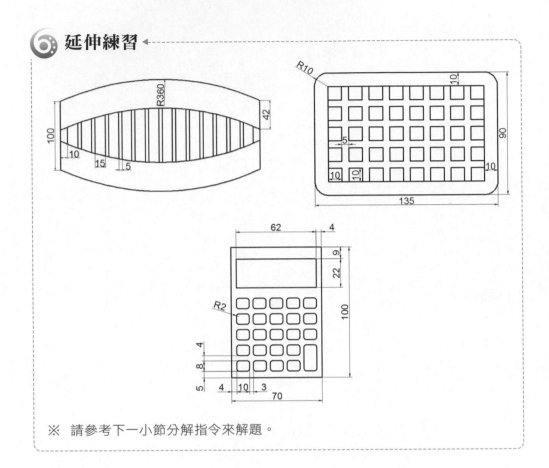

※ 請參考下一小節分解指令來解題。

4-15 │ EXPLODE - 分解

分解用於炸開聚合線、圖塊與經過陣列後的圖形，將圖形分解後就可以得到單一的獨立圖元，提供給後續的編輯使用。

指令	EXPLODE	快捷鍵	X	圖示	
工具列按鈕	常用頁籤 → 修改面板 → 分解 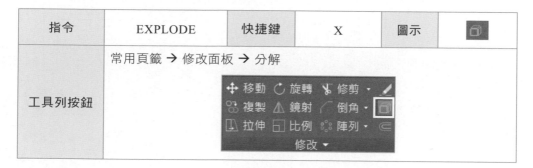				

操作說明　分解的運用

準備工作

- 任意繪製一個矩形。
- 點擊【常用】頁籤 →【修改】面板 →【分解】按鈕。

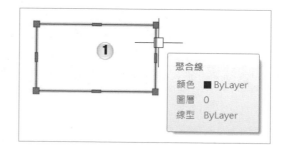

正式操作

1. 選取矩形來當作要分解的對象。

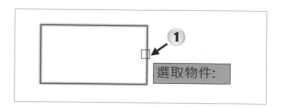

2. 按下 Enter 鍵來確定選取，並完
   成分解，外表看不出變化。

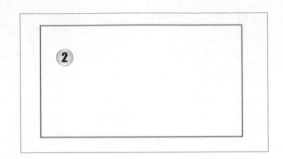

3. 此時矩形線段為各自獨立的狀
   態，可單獨選取某一條線段。

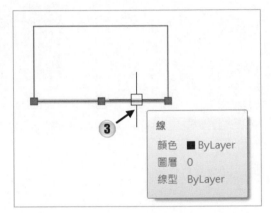

操作說明　**分解陣列與圖塊**

準備工作

● 開啟範例檔〈4-15_ex1.dwg〉。

正式操作

1. 將滑鼠停留在矩形上，可得知此
   為矩形陣列物件。

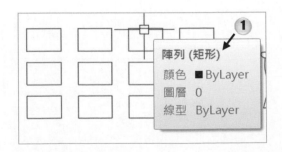

2. 滑鼠停留在枕頭上，則可知枕頭
   為圖塊。

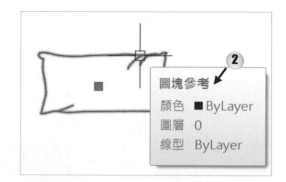

3. 點擊【常用】頁籤 →【修改】面
   板 →【分解】按鈕。

4. 選取矩形與枕頭為分解對象，按
   下 Enter 鍵。

5. 陣列與圖塊已經被分解，完成圖。

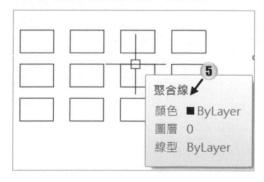

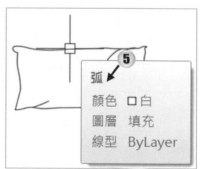

4-16 │ JOIN - 接合

接合用於組合同方向的線段，或是將弧轉變成圓。

指令	JOIN	快捷鍵	J	圖示	→←←
工具列按鈕	常用頁籤 → 修改面板的下拉式功能表 → 接合 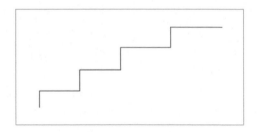				

操作說明 　線的接合

準備工作

● 開啟範例檔〈4-16_ex1.dwg〉。檔案
　中有一個未完成的階梯。

正式操作

1. 點擊【常用】頁籤→【線】。點擊階
　梯左下角作為線段第一點。

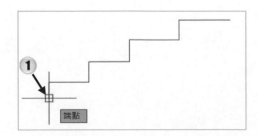

2. 將線段往右上角移，在階梯右上角做停留而非點擊。

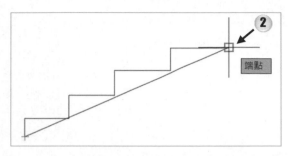

3. 將滑鼠往下移可以偵測到交點。

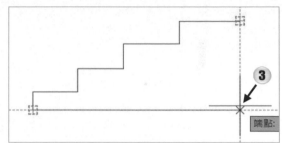

4. 點擊左鍵，將交點作為線段第二點。

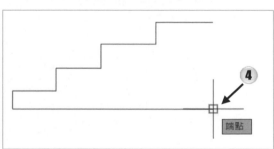

5. 將線段連結起來完成後如右圖。

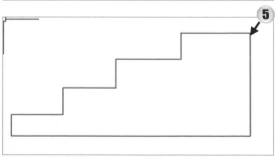

6. 點擊【常用】頁籤 →【修改】
   面板 →【接合】。

7. 選取所有線段並按下 Enter
   完成接合。使所有線段變成同
   一條線。

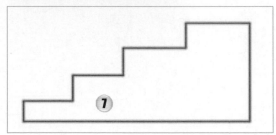

8. 將滑鼠停留在線上,可以知道
   物件類型為聚合線。

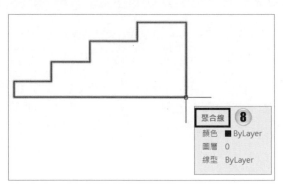

操作說明 接合求面積與周長

準備工作

● 開啟範例檔〈4-16_ex2.dwg〉。檔案中有一個四邊形,有標註線段長度與角度, 請利用座標輸入法畫出四邊形。

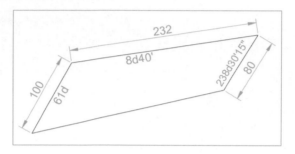

正式操作

1. 使用【線】指令,點擊任一處作為線段起點,接著輸入「@100<61d」後,按 下 Enter 。

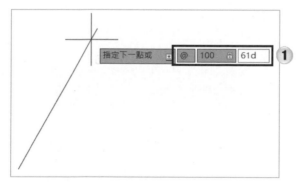

2. 輸入「@232<8d40'」後,按下 Enter 。

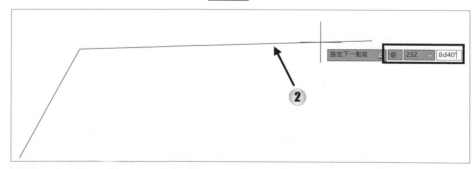

3　輸入「@80<238d30'15"」後，按下 ⌈Enter⌋。

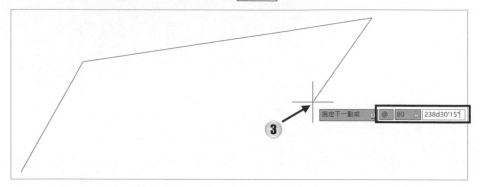

4.　輸入「C」按下 ⌈Enter⌋ 封閉，即可完成四邊形。

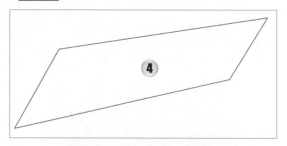

5.　點擊【常用】頁籤 →【修改】面板 →【接合】。

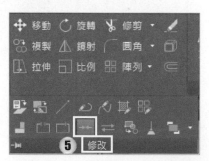

6.　選取所有線段並點擊 ⌈Enter⌋ 即可完成接合。使所有線段變成同一條線。

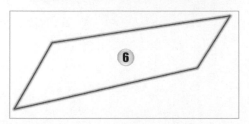

7. 選取聚合線段後，點擊滑鼠右鍵 →【性質】。

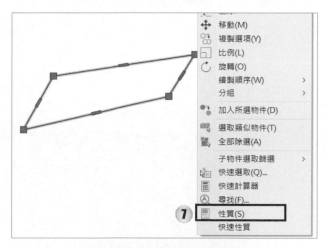

8. 在下面的【幾何圖形】面板查詢到聚合線的長度以及面積。

4-17 │ BREAK - 切斷於點

切斷於點可以將線段分割成無缺口的兩個獨立線段，有別於切斷指令會造成線段的缺口。

指令	BREAK	快捷鍵	BR → F	圖示	
工具列按鈕	常用頁籤 → 修改面板的下拉式功能表 → 切斷於點 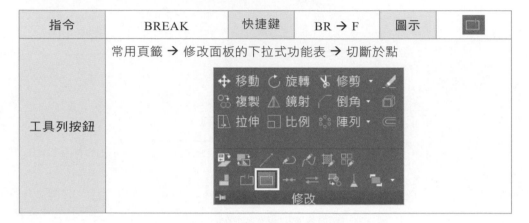				

操作說明 切斷於點的運用

準備工作

- 繪製物件，如右圖所示，或直接開啟範例檔〈4-17_ex1.dwg〉。

- 點擊【常用】頁籤 →【修改】面板中的下拉式功能表 →【切斷於點】按鈕。

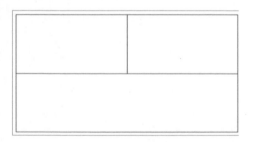

正式操作

1. 選取水平線段來作為切斷於點的物件。

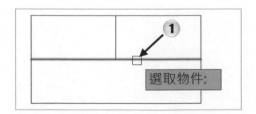

2. 點擊線段的中點來指定截斷點，此時
   線段則會從中點一分為二。

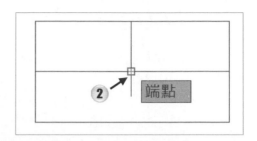

3. 點擊【常用】頁籤 →【繪製】面板 →【線】按鈕。

4. 在左邊線段中點位置繪製一條垂直線〈因為中間的水平線段已經被切斷於點一
   分為二，所以可以抓取到左半線段的中點〉。

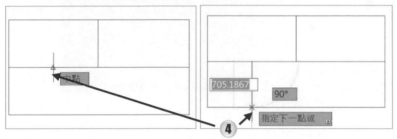

5. 接著也在右邊線段中點位置繪製一
   條垂直線。

6. 完成圖。

延伸練習

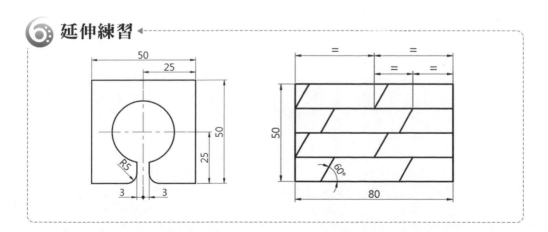

4-18 │ ALIGN - 對齊

對齊用於快速組合不同方向長度的圖元，必須指定至少兩組來源點與目標點。
第三組用於 3D 的組裝。

指令	ALIGN	快捷鍵	AL	圖示	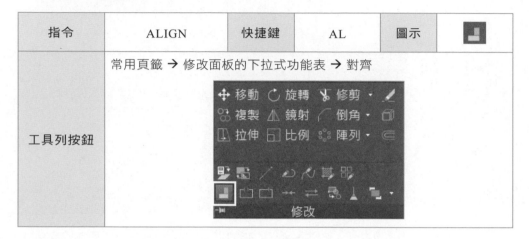
工具列按鈕	常用頁籤 → 修改面板的下拉式功能表 → 對齊				

操作說明　對齊的運用

準備工作

- 開啟範例檔〈4-18_ex1.dwg〉。
- 點擊【常用】頁籤 →【修改】面板中的下拉式功能表 →【對齊】按鈕。

正式操作

1. 選擇沙發來當作需對齊的物件，按下 Enter 鍵來確定選取。

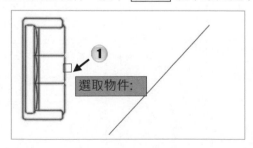

2. 點擊箭頭指示的中點位置來當作對齊來源的第一點。

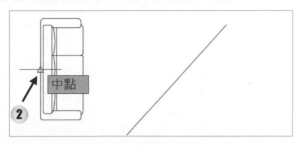

3. 點擊線段的中點位置來當作對齊目標的第一點。

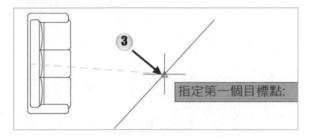

4. 點擊箭頭指示的端點位置來當作對齊來源的第二點。

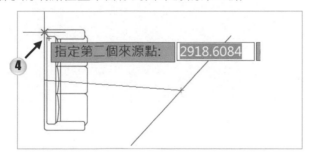

5. 點擊線段的端點位置來當作對齊目標的第二點。

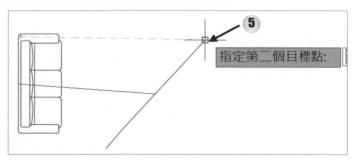

6. 2D 物件的對齊不需要第三來源點，直接按下 Enter 鍵來結束指定第三點來源。

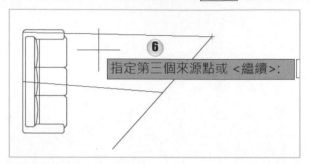

7. 按下 Enter 鍵或選擇【否】。

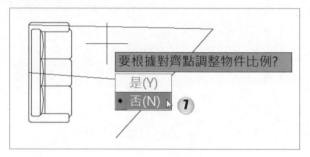

8. 完成圖。

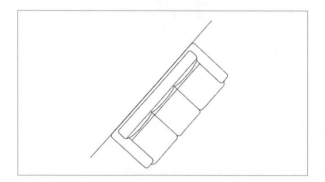

當【根據對齊點調整物件比例】選擇【否】時,則原本物件的大小不變(如左下圖),當【根據對齊點調整物件比例】選擇【是】時,則物件會依照對齊點來調整物件比例(如右下圖)。

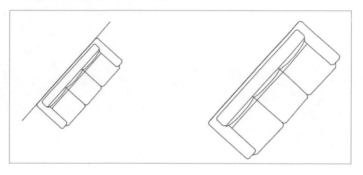

延伸練習

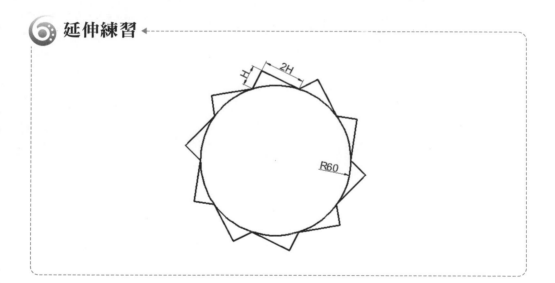

4-19 │ 掣點模式

選取物件，物件上的藍色點就是掣點，不同位置的掣點，功能不同。點擊掣點可以進入掣點模式，按下空白鍵或 ⸢Enter⸣ 鍵可以循環掣點功能，例如：移動、旋轉、比例…等。

| 操作說明 | 掣點拉伸功能 |

準備工作

● 任意繪製兩條線段與兩個圓形。

正式操作

1. 選取一條線段，點擊任一端點，可以作拉伸。（不同位置的掣點，功能不同）

2. 空白處點擊左鍵放置。

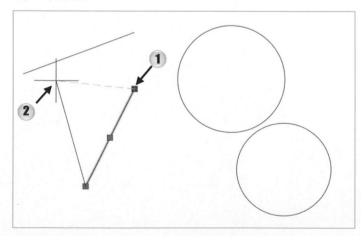

3. 點擊線段中點,可以移動整條線段。

4. 點擊另一線段的中點,放置線段。

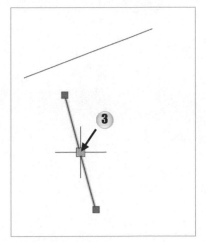 

5. 選取任一圓形,點擊四分點,可以指定圓形半徑大小。

6. 點擊左鍵指定半徑位置。

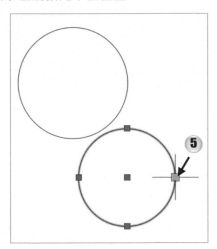 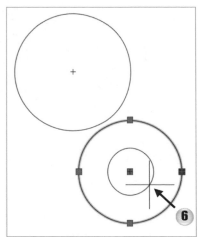

7. 點擊圓的中心點，可以移動整個圓形。

8. 點擊另一圓形的中心點，指定圓的位置。

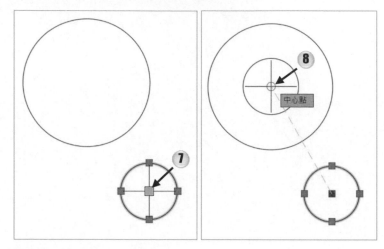

9. 按下 Esc 鍵結束選取，完成圖。

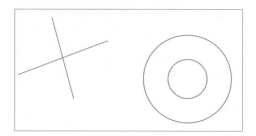

操作說明　**掣點模式循環切換**

1. 延續上一小節的檔案。選取兩條線段。點擊一個掣點作為基準點。

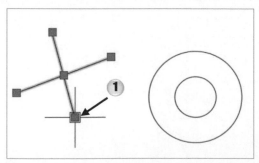

2. 按一下空白鍵，會切換為移動模式，狀態列顯示 MOVE。

3. 在任意位置點擊左鍵放置線段。

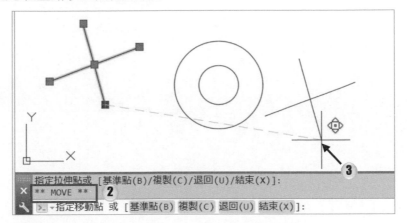

4. 再次點擊掣點進入掣點模式。

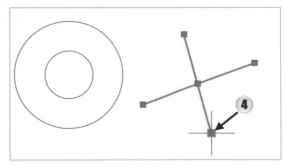

5. 按兩次空白鍵，會切換為旋轉模式。點擊左鍵指定旋轉角度。

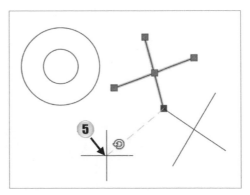

6. 點擊掣點進入掣點模式。

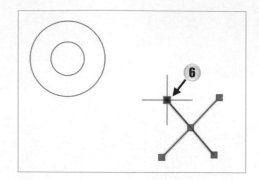

7. 按下右鍵可以看見掣點功能，選擇
   【比例】。

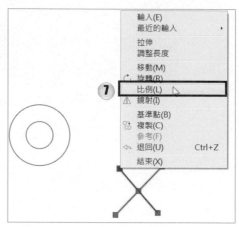

8. 輸入「2」並按下 Enter 鍵，放大兩
   倍。完成圖。

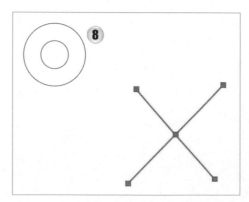

基礎級認證模擬試題

模擬練習一 圖形繪製

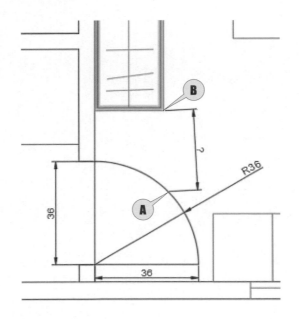

開啟 Home Plane.dwg

- 啟用名為 room 的視圖。

- 在左下角的位置繪製門，尺寸如上圖所示。

請問門弧形中點 **A** 和衣櫃右下角端點 **B** 之間的距離是多少？

答案提示：##.##

模擬練習二　延伸

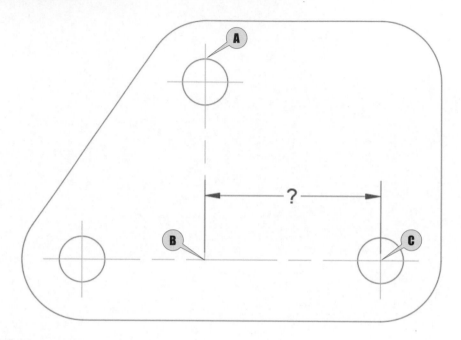

開啟 plate2.dwg

延長線段 **A** 。

請問從交點 **B** 到交點 **C** 的距離是多少？

答案提示：##.##

模擬練習三　圖形繪製

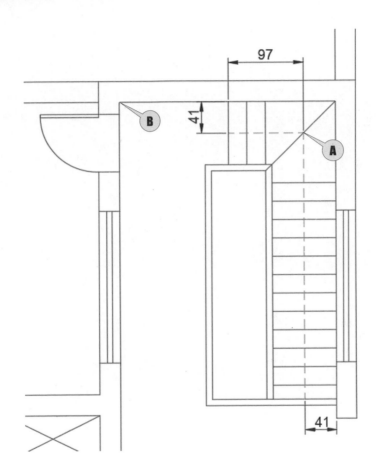

開啟 Building.dwg

- 啟用名為 Stairs（樓梯）的視圖。

- 使用提供的尺寸標註，在名為 Path 的圖層上建立樓梯路徑。

- 請問轉角 Ⓐ 和轉角 Ⓑ 之間的距離是多少？

答案提示：###.####

模擬練習四　拉伸

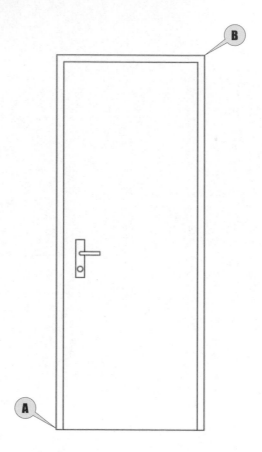

開啟 Door.dwg

- 將門板的上緣向上拉伸 5 個單位。

- 將門板的上緣向下拉伸 2 個單位。

- 請問端點 A 和端點 B 之間的距離是多少？

答案提示：###.####

模擬練習五　鏡射

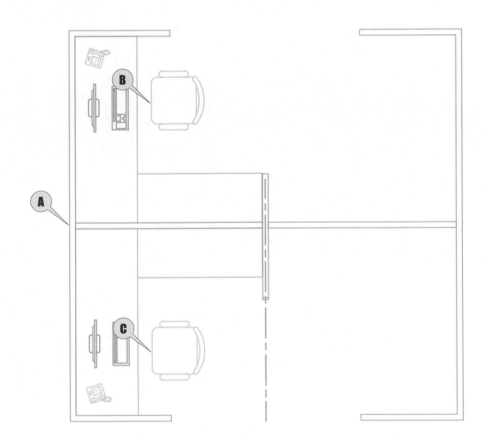

開啟 Office.dwg

● 　使用線段 **A** 的中點作為鏡射線，鏡像辦公室的桌椅。

請問椅面邊緣中點 **B** 到中點 **C** 之間的距離是多少？

答案提示：##.##

模擬練習六　陣列

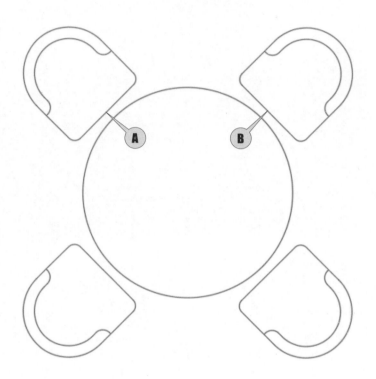

開啟 Furniture.dwg

● 　建立一列圍繞桌子中心等距分佈的 4 張椅子。

請問椅子 Ⓐ 與椅子 Ⓑ 的椅面邊緣中點之間距離是多少？

答案提示：##.##

模擬練習七　複製

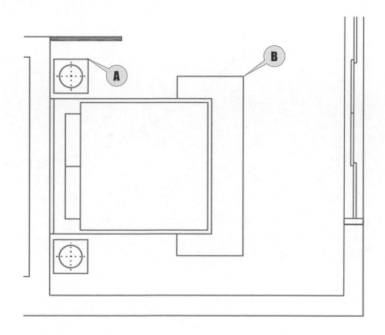

開啟 Building.dwg

- 啟用名為 Bedroom（臥室）的視圖。
- 若要完成臥室家具配置，將床頭櫃往上複製 240 單位。

請問從端點 **A** 到端點 **B** 的距離是多少？

答案提示：###.####

模擬練習八　偏移

開啟 Park.dwg

公園的行走路徑（綠線 Ⓐ ）往內偏移 2 個單位，請問新路徑的長度是多少？

答案提示：###.##

模擬練習九 圓角

開啟 Rectangle.dwg

- 在矩形上，建立圓角 A 和 C ，半徑為 30。

請問線段 B 的新長度是多少？

答案提示：##

模擬練習十　比例

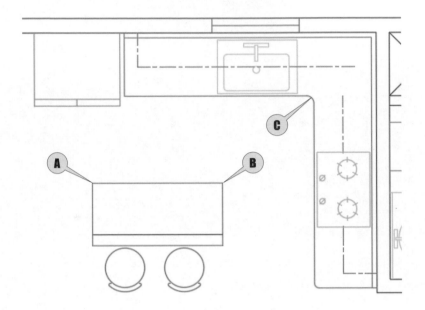

開啟 Home Plan.dwg

● 　將中島和吧檯椅縮放到 0.8，使用轉角 **A** 作為基準點。

請問從轉角 **B** 到圓角 **C** 中心點的距離是多少？

答案提示：##.##

CHAPTER 5

文字與表格

本章介紹

進行圖面配置時,需要適時搭配文字註解與重點說明,有時也需要製作零件表格或圖例說明,掌握本章節,使設計圖更加完善。

本章目標

在完成此一章節後,您將學會:

- 單行文字與多行文字的使用方式
- 表格的建立,與表格文字的輸入方式

5-1 │ 文字的應用

操作說明　單行文字

指令	TEXT	快捷鍵	DT	圖示	A
工具列按鈕	常用頁籤 → 註解面板 → 文字的下拉式選單 → 單行文字（或是註解頁籤 → 文字面板 → 多行文字的下拉式選單 → 單行文字） 文字　標註 多行文字 單行文字				

右鍵選單說明

● 可輸入快速鍵中的字母，或是在畫面空白處點擊滑鼠右鍵，選擇所需指令。

選項	快速鍵	解說
對正	J	選擇單行文字的對齊模式
型式	S	設定目前要使用的文字字型

準備工作

● 點擊【常用】頁籤 →【註解】面板 → 文字的下拉式選單 →【單行文字】按鈕。

正式操作

1. 指定任一點為單行文字的起點。

2. 輸入「100」為文字高度，按下 Enter 鍵確定。

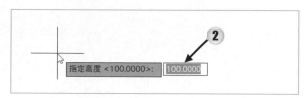

3. 輸入「0」為文字旋轉角度，按下 Enter 鍵確定。

4. 可自由輸入文字，此處輸入「輸入文字內容」。

5. 連續按兩次 Enter 鍵來結束單行文字。

6. 選取剛輸入的單行文字。

7. 按下滑鼠右鍵，選擇【性質】，或直接按下 Ctrl +1 鍵開啟性質面板。

8. 在【文字】標題區域內的【對正】選擇「正中」來改變單行文字的對正位置。

9. 在【文字】標題區域內的【高度】輸入「50」來改變單行文字的文字高度。

10. 在【文字】標題區域內的【旋轉】輸入「30」來改變單行文字的旋轉角度。

11. 完成圖。

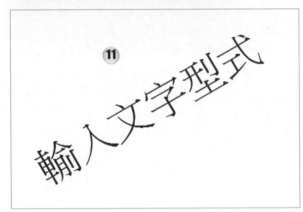

指令	MTEXT	快捷鍵	T	圖示	A
工具列按鈕	常用頁籤 → 註解面板 → 文字的下拉式選單 → 多行文字 （或是註解頁籤 → 文字面板 → 單行文字的下拉式選單 → 多行文字） 文字 標註 A 多行文字 A 單行文字				

準備工作

● 點擊【常用】頁籤 →【註解】面板 → 文字的下拉式選單 →【多行文字】。

正式操作

1. 指定任意點為多行文字的第一角點。

2. 將滑鼠移動到右下方，並點擊滑鼠左鍵來指定多行文字的第二角點，此時決定多行文字的範圍。

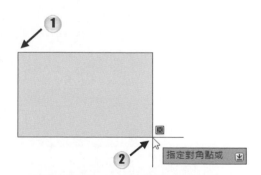

3. 可以套用已經設定好的文字型式。（文字型式在下一小節介紹）

4. 在【文字編輯器】頁籤 →【型式】面板中箭頭指示的位置輸入「50」來指定文字的高度。

5. 在【文字編輯器】頁籤 →【格式化】面板中箭頭指示的位置來變換字型及顏色。

6. 輸入以下多行文字「輸入多行文字的內容，按下 Enter 鍵可換行」。

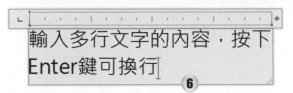

7. 左鍵拖曳外框右下角，可以調整大小來改變多行文字的行數。

8. 點擊【對正方式】→【正中】，可以變更文字對正位置。

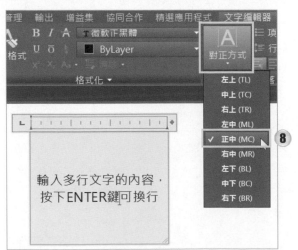

9. 在文字編輯器外側點擊滑鼠左鍵，來結束多行文字的編輯。

小提醒　將滑鼠移動到文字上，連續點擊滑鼠左鍵兩次可以進行文字的編輯。

操作說明　文字型式

指令	STYLE	快捷鍵	ST	圖示	A↙
工具列按鈕	常用頁籤 → 註解面板 → 文字型式按鈕 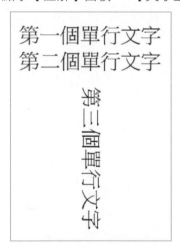				

準備工作

- 開啟範例檔〈5-1_ex1.dwg〉。

- 點擊【常用】頁籤 → 點擊【註解】面板 → 【文字型式】按鈕。

第一個單行文字
第二個單行文字

第三個單行文字

正式操作

1. 選擇「可註解」的型式，按下【新建】，則新建的文字型式預設值與「可註解」的型式相同。

2. 輸入「MY1」為新文字型式的名稱，按下【確定】。

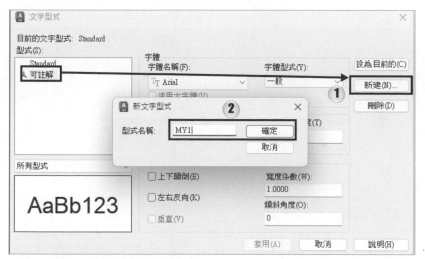

3. 在【字體名稱】指定微軟正黑體或其他字體。

4. 在【圖紙文字高度】輸入「5」，來指定文字高度為 5。

5. 在【傾斜角度】輸入「20」，來指定文字為斜體，並且斜體為 20 度。

6. 套用目前的設定後，關閉此視窗。

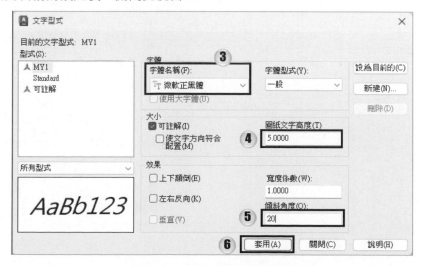

小提醒　【可註解】選項打勾，可設定【圖紙文字高度】，反之，則是【高度】。

7.　點擊『第二個單行文字』。

8.　在【常用】頁籤【註解】面板中。

9.　將【Standard】切換為【MY1】型式，
　　可將選取的文字切換成此文字型式。

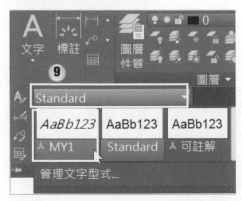

10. 完成圖。

> # 第一個單行文字
>
> ## *第二個單行文字*

小秘訣

除了在【常用】頁籤 →【註解】面板切換文字型式,也可以在【註解】頁
籤 → 文字型式下拉選單,選擇所需的文字型式。

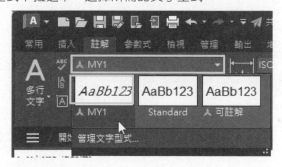

操作說明　建立一個新文字型式並指定為垂直文字

準備工作

● 延續上一小節的文字來操作。

● 點擊【常用】頁籤 → 點擊【註解】面板 → 【文字型式】按鈕。

正式操作

1. 點擊【新建】，建立一個 MY2 的新文字型式，圖紙文字高度為「5」，傾斜角度為「0」。

2. 在【字體名稱】指定前面有@符號的字體，來改變文字為垂直文字。

3. 套用目前的設定後，關閉此視窗。

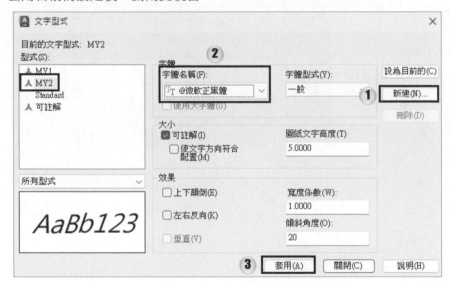

4. 點擊『第三個單行文字』。

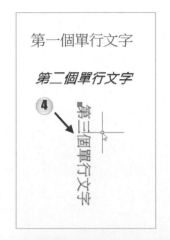

5. 在【常用】頁籤點擊【註解】面板。將【Standard】切換為【MY2】型式，可將選取的文字切換成此文字型式。

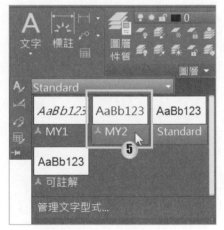

6. 完成圖。

操作說明 文字可註解

可註解通常用於不同圖紙出圖時，文字大小的自動修正。

準備工作

● 延續上一小節的文字來操作。或開啟範例檔〈5-1_ex2.dwg〉。

正式操作

1. 選取第二個單行文字，點擊右鍵→選擇【性質】（或按下 Ctrl+1）。

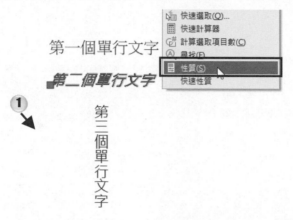

2. 【可註解】目前設定為【是】。

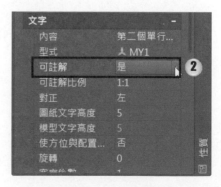

3. 右下角狀態列，開啟【 ⚜ 】按鈕。（藍色為開啟，灰色為關閉）

4. 點擊右側【1：1】，設定註解比例為【2：1】，文字會變小。

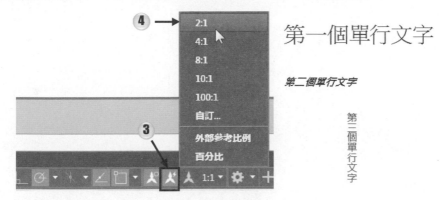

5. 若註解比例設定為【1：2】，則文字會變大。

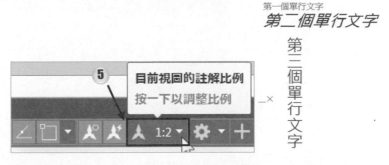

6. 選取第二個單行文字，點擊右鍵→選擇【性質】，查詢圖紙文字高度為「5」，
   模型文字高度為「10」。

7. 目前在【模型】空間中，所以現在的文字大小為 10。

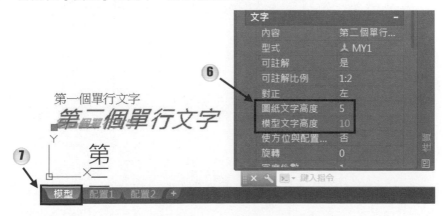

5-2 │ 表格的應用

插入表格

指令	TABLE	快捷鍵	TB	圖示	
工具列按鈕	常用頁籤 → 註解面板 → 表格				

準備工作

- 開啟範例檔〈5-2_ex1.dwg〉，要建立一個如檔案中的表格。

- 點擊【常用】頁籤 →【註解】面板 →【表格】按鈕。

正式操作

1. 表格型式為【Standard】，選擇【從空表格開始】。

2. 行數設定為「5」、資料列設定為「3」、欄寬設定為「50」、列高設定為「5」。

3. 第一列儲存格型式為「標題」、第二列儲存格型式為「標頭」、其他所有列儲存格型式為「資料」後，按下【確定】。

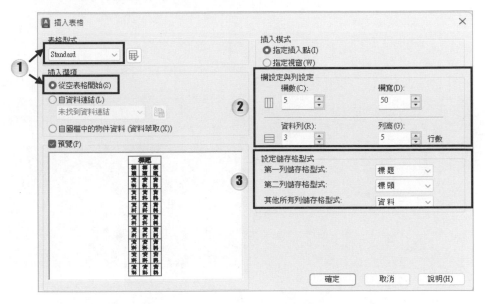

4. 在任意位置點擊左鍵來指定表格位置。

5. 在表格外點擊左鍵，結束表格文字編輯。

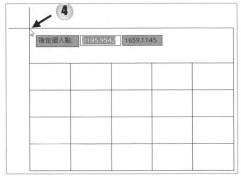

6. 點擊儲存格兩下，輸入「規格表」來指定標題。

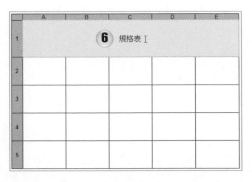

7. 選取「規格表」三個字（也可按下
   Ctrl+A 全選）。

8. 在【文字編輯器】頁籤 → 【型式】
   面板中箭頭指示的位置輸入「10」
   來個別指定文字的高度。

9. 在表格外側點擊滑鼠左鍵，可以離
   開表格，完成圖。

操作說明	調整表格大小

準備工作

● 延續上一小節的檔案來操作。

正式操作

1. 點擊表格的框線後，再點擊右下角的三角形掣點。

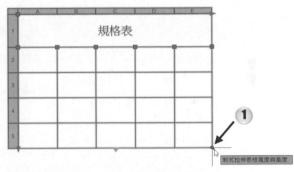

2. 將滑鼠往右下角移動，並點擊滑鼠左鍵來決定表格的大小。

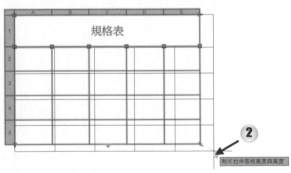

3. 點擊表格左下方的三角形掣點。

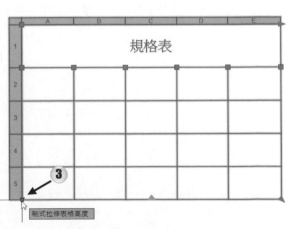

4. 將滑鼠往下方移動,並點
   擊滑鼠左鍵來決定表格的
   高度。

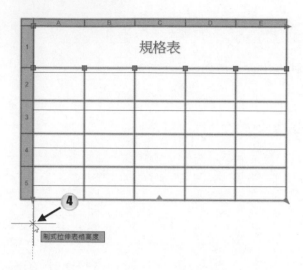

5. 點擊表格右上方的三角形
   掣點。

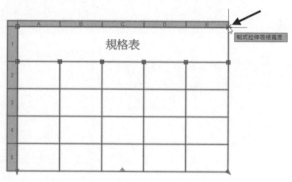

6. 將滑鼠往右方移動,並點
   擊滑鼠左鍵來決定表格的
   寬度。

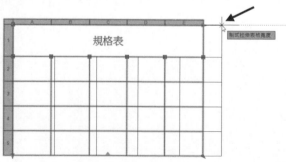

7. 點擊任一個儲存格。

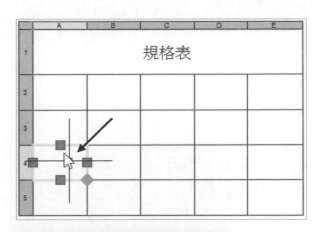

8. 點擊【表格儲存格】頁籤 →
   【列數】面板 →【從下方插
   入】按鈕，會在下方增加
   一列儲存格。

9. 完成圖。

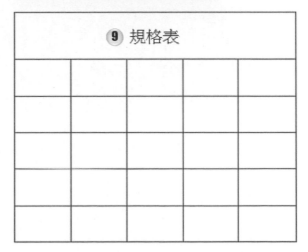

 基礎級認證模擬試題

模擬練習一　多行文字

開啟 Plate.dwg

在 A4 Layout（A4 配置）上：

- 　將單詞 HELLO 加到註釋的尾端。

請問註釋中顯示多少行文字？

答案提示：#

模擬練習二　文字性質

開啟 Block.dwg

查看文字 AUTOCAD 性質。

請問文字高度為多少？

答案提示：#

CHAPTER 6

尺寸標註指令

本章介紹

本書內容示範繪圖時常用的尺寸標註型式，並附上正確且快速的圖面標註方法。

本章目標

在完成此一章節後，您將學會：

- 基本的線性標註、對齊式標註、角度標註、半徑標註
- 進階的連續性標註，與基線式標註
- 標註型式設定

6-1 | 基本標註

操作說明　線性標註

指令	DIMLINEAR	快捷鍵	DLI	圖示	
工具列按鈕	常用頁籤 → 註解面板 → 線性下拉選單 →【線性】按鈕 				

準備工作

- 開啟範例檔〈6-1_ex1.dwg〉。

- 點擊【常用】頁籤 →【註解】面板 → 線性下拉選單 →
  【線性】按鈕。

正式操作

1. 點擊要標註線段的第一點。
2. 點擊要標註線段的第二點。

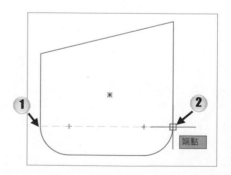

3. 將滑鼠向下移動，在適當的位置點擊滑鼠左鍵來指定標註線的位置。

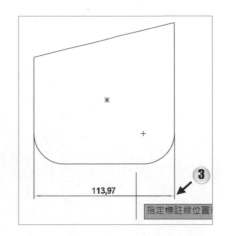

4. 按下 Enter 鍵可重複執行線性標註的指令。
5. 點擊要標註線段的第一點。
6. 點擊要標註線段的第二點。

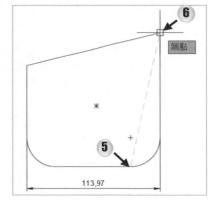

7. 將滑鼠向下移動，可顯示兩點的水平距離。此時標註尚未完成。

8. 將滑鼠向右移動，可顯示兩點的垂直
   距離。點擊滑鼠左鍵來指定標註線的
   位置。

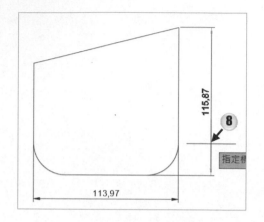

9. 按下 Enter 鍵可重複執行線性標註
   的指令。

10. 再次按下 Enter 鍵，可直接選取物
    件來做標註，不需指定兩個點。選擇
    上方的線條來決定要標註的物件。

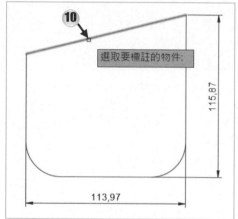

11. 將滑鼠向上移動，可顯示線段的水平
    距離。

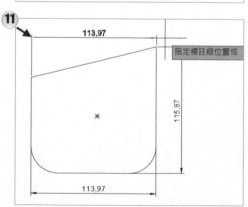

12. 將滑鼠向左移動，可顯示線段的
垂直距離。點擊滑鼠左鍵來放置
標註。

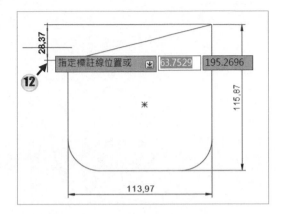

13. 選取標註，會出現藍色的掣點，
點擊藍色掣點變成紅色。

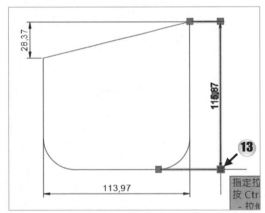

14. 滑鼠往右移動可以改變標註位
置，點擊左鍵放置標註。

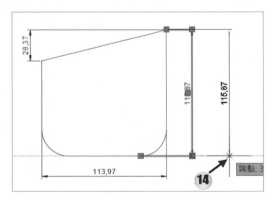

點擊【線性】標註指令後，在選取物件時按下 Enter 鍵，可讓十字游標
變成正方形，此時可直接選取物件來做標註，不需指定兩個點。

小秘訣

操作說明 對齊式標註

指令	DIMALIGNED	快捷鍵	DAL	圖示	
工具列按鈕	常用頁籤 → 註解面板 → 線性的下拉式選單 → 對齊式 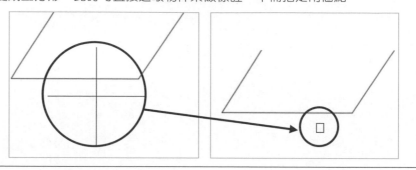				

準備工作

- 繪製任意歪斜四邊形。
- 點擊【常用】頁籤 →【註解】面板 →
  【線性】的下拉選單 →【對齊式】按
  鈕。

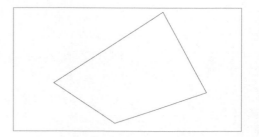

正式操作

1. 按下 Enter 鍵，進入標註的物件選取模式。

2. 選擇右上方的線條來決定要標註的物件。

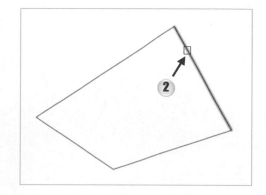

3. 將滑鼠往右上方移動，在適當的位置點擊滑鼠左鍵來指定標註線的位置。（若看不到標註的文字，可能是四邊形太大，導致標註文字看起來較小）

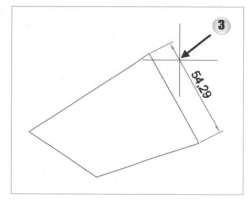

4. 標註其他線段，對齊式標註可以標出與線條平行的標註。

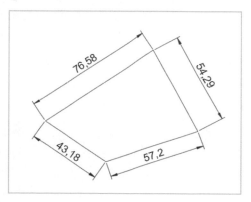

操作說明	角度標註

指令	DIMANGULAR	快捷鍵	DAN	圖示	
工具列按鈕	常用頁籤 → 註解面板 → 線性的下拉式選單 → 角度 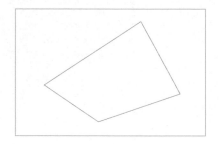				

準備工作

- 延續上一小節檔案。
- 點擊【常用】頁籤 →【註解】面板 →【線性】中的下拉式選單 →【角度】按鈕。

正式操作

1. 選擇上方的線條來決定要標註角度的第一條線段。
2. 選擇左方的線條來決定要標註角度的第二條線段。

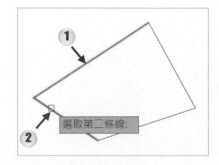

選取第二條線:

3. 將滑鼠向矩形內移動，在適當的位置點擊滑鼠左鍵來指定角度線的位置。

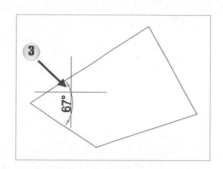

4. 標註其他角度。

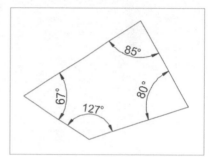

操作說明　半徑與直徑標註

- 半徑

指令	DIMRADIUS	快捷鍵	DRA	圖示	
工具列按鈕	常用頁籤 → 註解面板 → 線性的下拉式選單 → 半徑 文字　標註 註解 線性 對齊式 角度 弧長 半徑 直徑				

- 直徑

指令	DIMDIAMETER	快捷鍵	DDI	圖示	
工具列按鈕	常用頁籤 → 註解面板 → 線性的下拉式選單 → 直徑 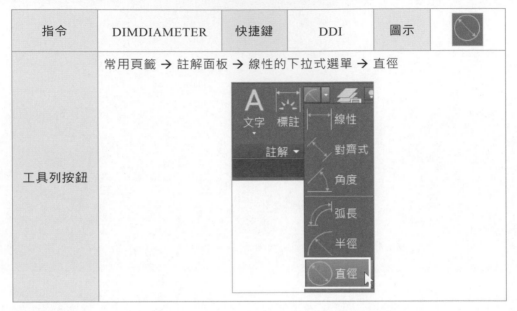				

準備工作

- 開啟範例檔〈6-1_ex2.dwg〉。
- 點擊【常用】頁籤 →【註解】面板 →【線性】的下拉式選單 →【半徑】按鈕。

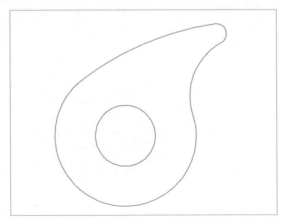

正式操作

1. 選擇下方弧線來決定要標註
   半徑的物件。

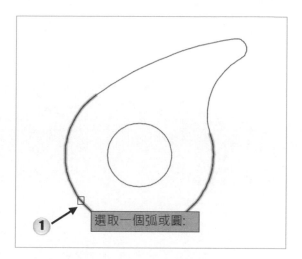

選取一個弧或圓:

2. 將滑鼠向弧線外移動,在適當
   的位置點擊滑鼠左鍵來指定
   半徑標註的位置。

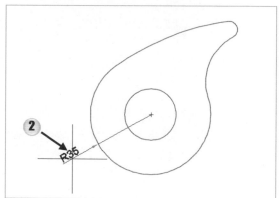

R35

3. 點擊【常用】頁籤 →【註解】
   面板 →【線性】的下拉式選單
   →【直徑】按鈕。

4. 選擇中間小圓來決定要標註
   直徑的物件。

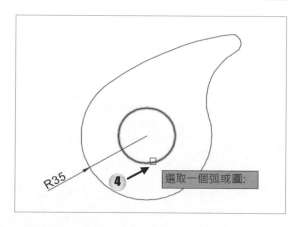

R35

選取一個弧或圓:

5. 將滑鼠向右移動，在適當的位置點擊滑鼠
左鍵來指定直徑標註的位置。

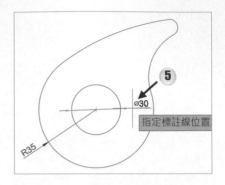

6. 標註其他半徑與直徑。

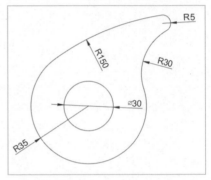

小秘訣　半徑標註的數值前會出現 R 來表示為半徑；直徑標註的數值前會出現 Ø 來表示為直徑。若 Ø 未顯示，則需在指令區輸入「ST」指令，開啟文字型式視窗，修改為中文字體即可顯示出 Ø，從 AutoCAD 2019 版本開始，大部分的英文字體皆可以顯示 Ø 符號。

延伸練習

※ 開啟範例檔〈6-1_ex3.dwg〉後，根據上述教學來標註成如下圖範例。

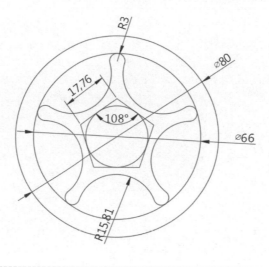

6-2 │ 進階標註

操作說明 連續式標註

指令	DIMCONTINUE	快捷鍵	DCO	圖示	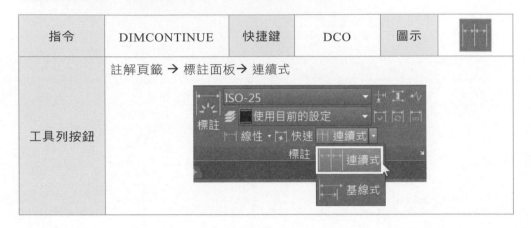
工具列按鈕	註解頁籤 → 標註面板→ 連續式				

準備工作

- 任意繪製一個如右圖所示物件，或開啟範例檔〈6-2_ex1. dwg〉。

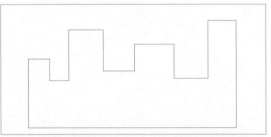

- 點擊【註解】頁籤 →【標註】面板 →【線性】按鈕，必須先有一個尺寸標註，才能使用連續式標註。

正式操作

1. 點擊要線性標註的第一點。

2. 點擊要線性標註的第二點。照著此順序來點擊，之後的連續式標註才會由右側開始標註。

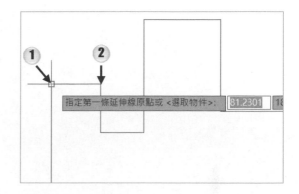

3. 將滑鼠向上移動，在適當的位置點擊滑鼠左鍵來指定標註的位置。

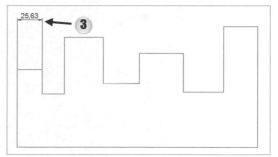

4. 點擊【註解】頁籤 →【標註】面板 →【連續式】按鈕。

5. 點擊箭頭指示的端點，來指定連續式標註的位置。

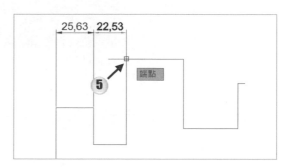

6. 繼續點擊箭頭指示的端點，來指定連續式標註的位置。

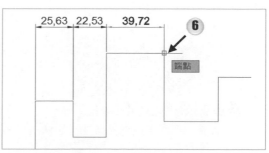

6. 依上述步驟繼續標註其他連續式。

7. 按下 Enter 鍵來結束連續式標註指令。

8. 完成圖。

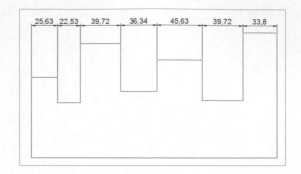

操作說明　基線式標註

指令	DIMBASELINE	快捷鍵	DBA	圖示	
工具列按鈕	註解頁籤 → 標註面板 → 連續式的下拉式選單 → 基線式 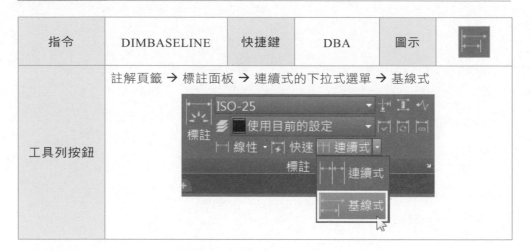				

準備工作

● 使用上一小節物件。

● 點擊【註解】頁籤 →【標註】面板 → 【線性】按鈕。

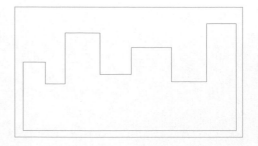

正式操作

1. 點擊線性標註的第一點。

2. 點擊線性標註的第二點。

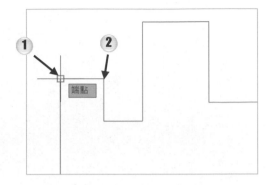

3. 將滑鼠向上移動，在適當的位置點擊滑鼠左鍵來指定線段標註的位置。

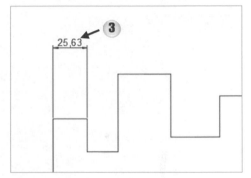

4. 點擊【註解】頁籤 →【標註】面板 →【連續式】的下拉式選單 →【基線式】按鈕。

5. 點擊箭頭指示的端點，來指定基線式標註的位置。

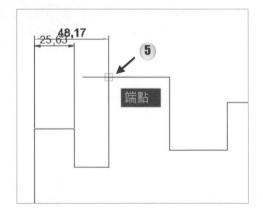

6. 依上述步驟繼續標註其他基線式。

7. 按下 [Enter] 鍵來結束基線式標註指令。

8. 完成圖，此時標註顯得有點擠，請依照下個小節的操作來調整標註間距。

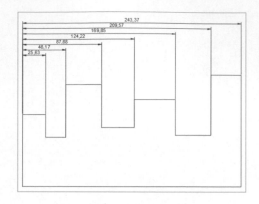

操作說明　調整間距

指令	DIMSPACE	快捷鍵	無	圖示	
工具列按鈕	註解頁籤 → 標註面板 → 調整間距				

準備工作

- 延續上小節的圖來操作。
- 點擊【註解】頁籤 →【標註】面板 →【調整間距】按鈕。

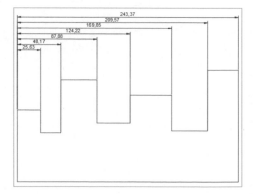

正式操作

1. 指定第一個標註來當作基準標註。

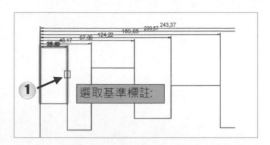

2. 框選其他所有標註。

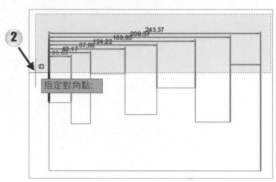

3. 按下 Enter 鍵來結束選取。

4. 輸入 10 來指定標註之間的距離，
   按下 Enter 鍵完成。

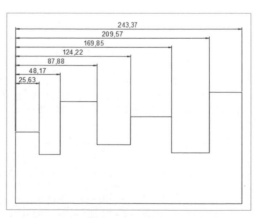

5. 完成圖。

| 操作說明 | 標註型式 | | | | |

指令	DIMSTYLE	快捷鍵	D	圖示	
工具列按鈕	常用頁籤 → 註解面板 → 標註型式 文字　標註　圖層 　　　　　　　件質 Standard ISO-25 Standard Standard 註解				

準備工作

- 開啟範例檔〈6-2_ex2.dwg〉。

- 點擊【常用】頁籤 → 點擊【註解】面板 →【標註型式】按鈕。開啟標註型式管理員。

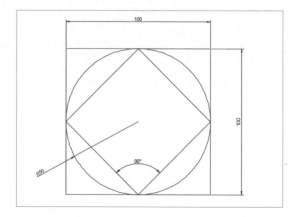

正式操作

1. 點選 ISO-25。

2. 按下【修改】按鈕。

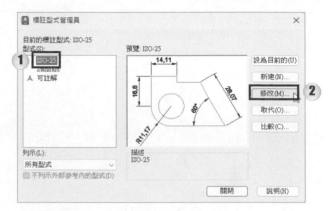

3. 在「文字」頁面➔文字高度，輸入「5」，可更改文字大小，點擊【確定】。

4. 關閉標註型式管理員，完成圖。

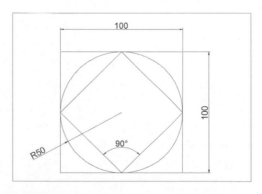

5. 輸入指令「D」，按下 Enter 鍵開啟標註型式管理員。

6. 確認目前選擇 ISO-25，按下【修改】按鈕。在「符號與箭頭」頁籤，箭頭選擇【建築斜線】，可將標註的箭頭更改成斜線。

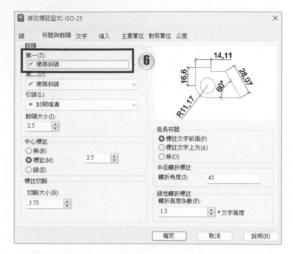

7. 關閉標註型式管理員，完成圖。

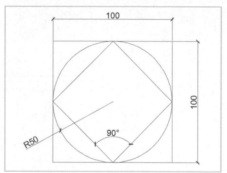

8. 輸入指令「D」，按下 Enter 鍵開啟標註型式管理員。

9. 點選 ISO-25，按下【修改】按鈕。在「主要單位」頁籤，將線性標註的精確度改成 0.00，角度標註的精準度改成 0.0。

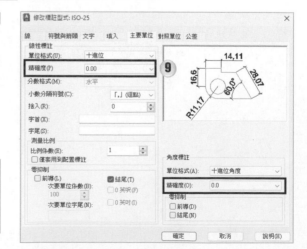

小提醒　此處的精準度可依照個人的使用，來調整小點的位數。

10. 關閉標註型式管理員，完成
    圖。

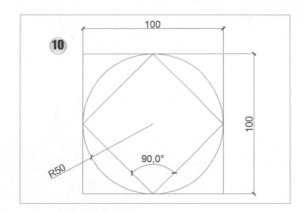

11. 輸入指令「D」，按下 Enter 鍵開啟標註型式管理員。

12. 點選 ISO-25，按下【修改】
    按鈕。在「填入」頁籤，在
    「標註特徵的比例」下方欄
    位中選擇「使用整體比
    例」，並將數值輸入 1.5。

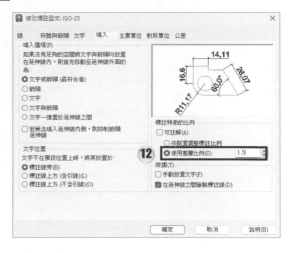

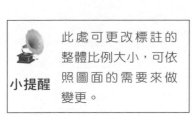

小提醒　此處可更改標註的
整體比例大小，可依
照圖面的需要來做
變更。

13. 關閉標註型式管理員，完成
    圖。

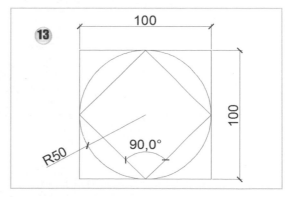

操作說明	切換目前的標註型式

準備工作

- 使用樣板檔 acadiso，建立一個新的圖檔。先點擊【新建】，再選擇【acadiso.dwt】樣板檔。

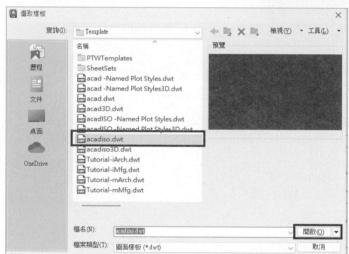

- 繪製一條長度 100 的水平線段。

正式操作

1. 點擊【常用】頁籤 →【註解】面板 →【標註型式】。

2. 點擊【新建】，建立新的標註型式。

3. 可自由命名，點擊【繼續】。

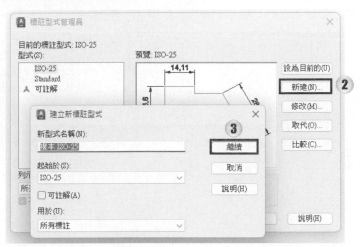

4. 在【填入】頁籤中，【使用整體比例】輸入「3」，使標註尺寸變大。

5. 點擊【確定】。再關閉標註型式視窗。

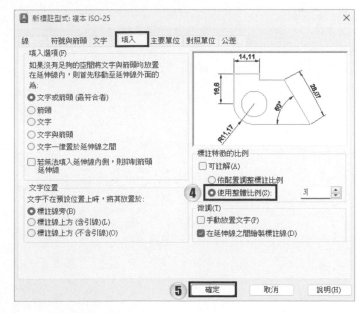

6. 當沒有選取任何物件時，點擊【註解】面板 →【標註型式】旁的下拉式選單→選擇【ISO-25】。可以將目前標註型式切換為「ISO-25」。

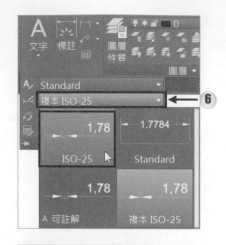

7. 點擊【線性】指令。

8. 按下 Enter 鍵，可直接選取物件來做標註。選擇直線來決定要標註的物件。

9. 滑鼠往上移動，點擊左鍵放置標註。此標註的比例較小。

10. 點擊【註解】面板 →【標註型式】旁的下拉式選單 → 選擇【複本 ISO-25】。可以將目前標註型式切換為「複本 ISO-25」。

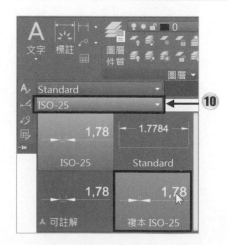

11. 點擊【線性】指令。

12. 按下 Enter 鍵，可直接選取物件來做標註。選擇直線來決定要標註的物件。

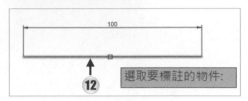

13. 滑鼠往下移動，點擊左鍵放置標註。此標註的比例較大。

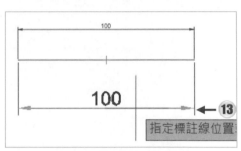

14. 選取現有的標註。

15. 點擊【註解】面板 →【標註型式】旁的下拉式選單會顯示這個標註使用的標註型式為「ISO-25」。

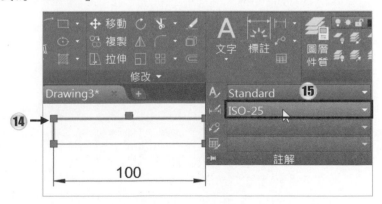

16. 點擊【標註型式】的下拉式選單，選擇【複本 ISO-25】，可以把所選標註的標註型式改為「複本 ISO-25」。

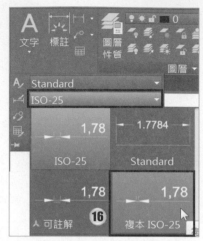

17. 完成圖。

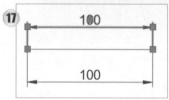

操作說明　**可註解標註型式**

準備工作

● 開啟範例檔〈6-2_ex3.dwg〉。

正式操作

1. 輸入指令「D」，按下 Enter 鍵開啟標註型式管理員。點擊【新建】。

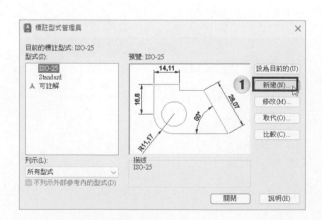

2. 輸入新型式名稱為「可註解 ISO-25」，點擊【繼續】。

3. 在【填入】頁籤，勾選【可註解】，透過註解比例來控制標註大小，而不是整體比例控制。

4. 點擊【確定】。

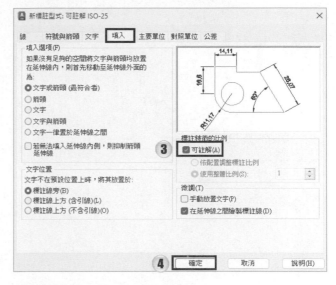

5. 確認目前的標註型式為【可註解 ISO-25】，點擊【關閉】。

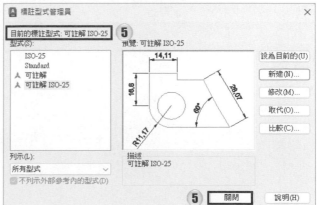

6. 也可以從【常用】頁籤 → 點擊【註解】面板。

7. 點擊標註型式下拉選單,確認目前型式為【可註解 ISO-25】,可註解的型式旁會有藍色的特殊符號。

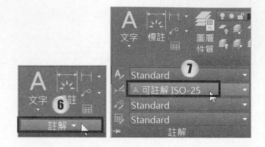

8. 點擊【常用】頁籤 →【註解】面板 →【線性】指令。

9. 點擊右上與右下兩個端點,再點擊左鍵放置標註。

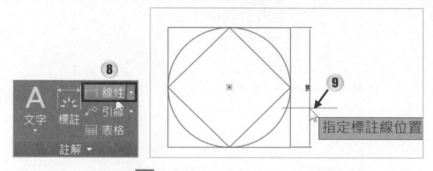

10. 在下方狀態列,開啟【 ↗ (自動註解比例) 】,狀態顯示藍色表示開啟。

11. 將【註解比例】設定為【1:2】,標註的文字、箭頭...等會變大。

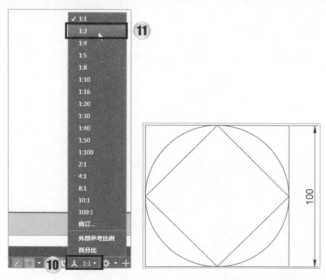

12. 將【註解比例】設定為【1：4】，標註的大小變更大。

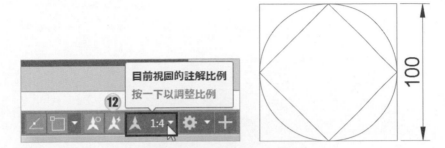

13. 選取標註，點擊【分解】指令。

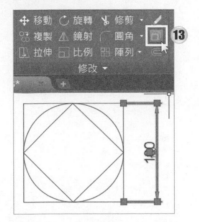

14. 標註分解後會變成文字與線段，而且不能再合併為標註。

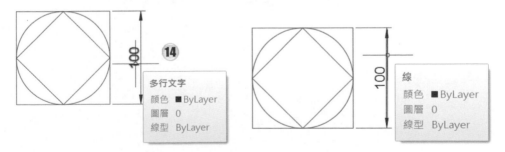

6-3 | 多重引線

操作說明 引線與多重引線型式

指令	MLEADERSTYLE	快捷鍵	MLS	圖示	
工具列按鈕	常用頁籤 → 註解面板 → 多重引線型式管理員 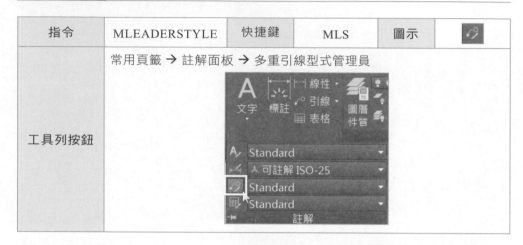				

指令	MLEADER	快捷鍵	MLD	圖示	引線
工具列按鈕	常用頁籤 → 註解面板 →引線				

準備工作

- 開啟範例檔〈6-3_ex1.dwg〉。

- 點擊【常用】頁籤 →【註解】面板 → 點擊【多重引線型式管理員】。

正式操作

1. 點擊【新建】。

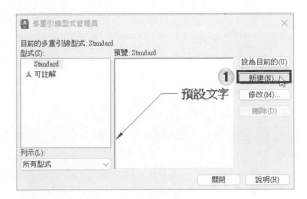

2. 輸入新型式名稱為「零件球」，點擊【繼續】。

3. 在【內容】頁籤，【多重引線類型】選擇【圖塊】，【來源圖塊】選擇【圓】（【貼附】也可選【插入點】）。

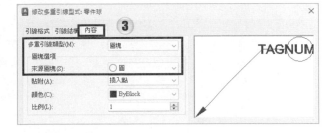

4. 在【引線結構】頁籤，取消勾選【自動包含連字線】，使連字線段消失，從右側預覽圖可看出變化。

5. 【指定比例】輸入「5」。

6. 點擊【確定】並【關閉】多重引線型式管理員。

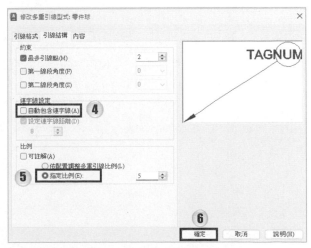

7. 點擊【常用】頁籤 → 【註解】面板 → 【引線】。

8. 滑鼠左鍵點擊床左側櫃子，決定第一點。

9. 在上方空白處點擊左鍵，決定第二點。

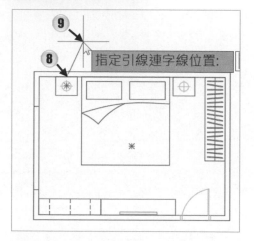

10. 輸入標籤號碼為「1」，點擊【確定】。

11. 完成號碼球 1。

12. 使用相同方式完成其他號碼球。

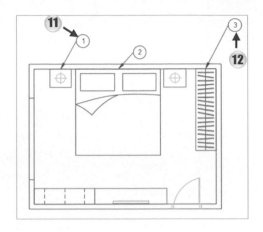

操作說明 多重引線對齊與收集

準備工作

● 延續上一個小節檔案繼續操作，或開啟範例檔〈6-3_ex2.dwg〉。

正式操作

1. 點擊【常用】頁籤 →【註解】面板 →
【引線】下拉選單 →【對齊】。

2. 選取三個號碼球，按下 Enter 鍵。

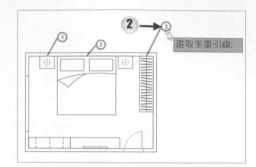

3. 點擊號碼球 1，作為對齊基準。

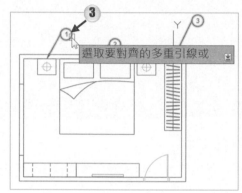

4. 滑鼠往右移動，點擊滑鼠左鍵確定對齊方向。

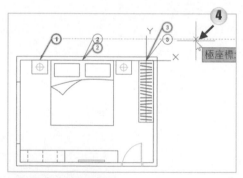

5. 點擊【常用】頁籤 →【註解】面板 →【引線】下拉選單 →【收集】，可以將號碼球合併。

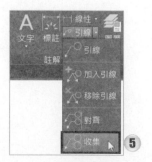

6.　由左而右依序選取號碼球 1、2、3，
　　會影響收集的順序，按下 Enter 鍵
　　完成選取。

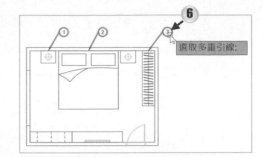

7.　點擊滑鼠左鍵指定引線位置。

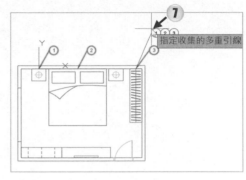

8.　完成圖。

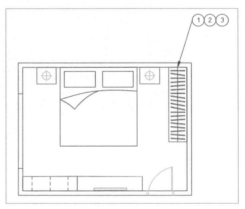

 基礎級認證模擬試題

模擬練習一　標註型式

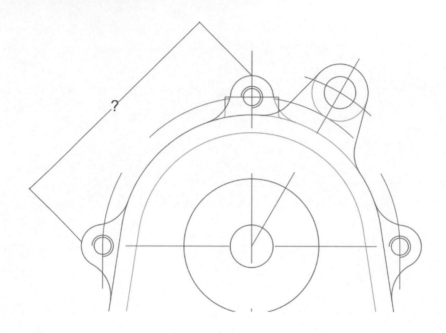

開啟 Component.dwg

將尺寸標註加入到零件的中點，如圖所示。使用 Standard 尺寸標註型式。請問尺寸標註的值是多少？

答案提示：##.#

模擬練習二　尺寸標註

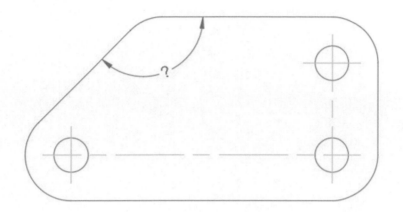

開啟 Plate.dwg

如圖所示，放上尺寸標註。

請問尺寸標註顯示的角度是多少？

答案提示：###.#

模擬練習三 多重引線

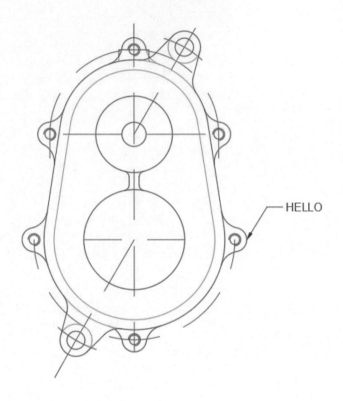

開啟 Component.dwg

使用 Standard 多重引線型式加入引線，如圖所示。

請問引線的文字高度是多少？

答案提示：#.##

模擬練習四　引線型式

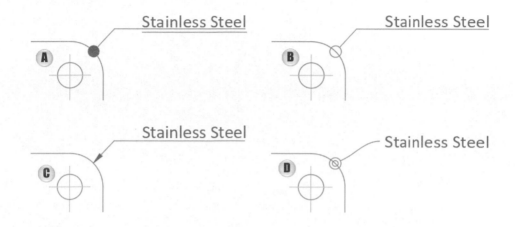

開啟 Plate.dwg

建立多重引線，指向零件的邊緣。

- 輸入 Stainless Steel 作為文字。
- 使用 Standard2 作為多重引線型式。

哪個選項最類似於您建立的多重引線？

答案提示：#

圖層

本章介紹

以簡單的案例來介紹各圖層的建立與編輯,以及圖層管理員的使用方式,學習如何分配圖層,使往後的圖面編輯更加容易。

本章目標

在完成此一章節後,您將學會:

- ■ 圖層管理員的操作,包括建立新圖層、圖層顏色與線型的設定、圖層的隱藏與鎖定

7-1 │圖層性質管理員

　　圖層性質管理員為管理複雜圖面的重要工具。一般來説，圖面中均會設置不同的圖層，用來歸類不同意義的圖元。例如設定尺寸層來收集標註圖元、填充線圖層來收集填充線圖元、隱藏線圖層來收集零件的內部虛線。圖層具備鎖住、關閉、凍結等控制圖元的顯示與是否可編輯等屬性。

　　合理的圖層設定可以提高圖面的繪製效率。

操作說明　建立圖層

指令	LAYER	快捷鍵	LA	圖示	
工具列按鈕	常用頁籤 → 圖層面板 → 圖層性質 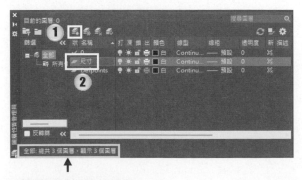				

準備工作

- 開啟範例檔〈7-1_ex1.dwg〉。
- 點擊【常用】頁籤 →【圖層】面板 →【圖層性質】按鈕。

正式操作

1. 按下新圖層按鈕。
2. 輸入圖層名稱為「尺寸」，來建立新圖層。

目前圖面使用圖層總數

3. 依照上述步驟來建立「填充線」圖層、「隱藏線」圖層、「中心線」圖層。

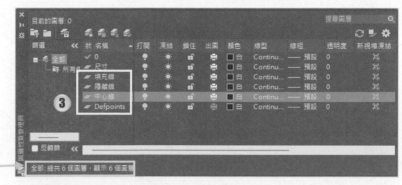

下方會顯示
圖層總數

4. 選取《尺寸》圖層，按下顏色欄位中的色塊。

5. 選擇【藍色】後，按下【確定】。

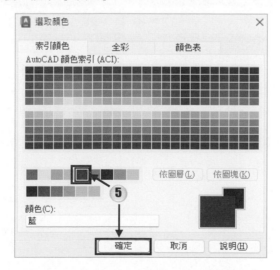

6. 依照上述步驟來變更「填充線」圖層、「隱藏線」圖層、「中心線」圖層的顏色，如下圖所示。

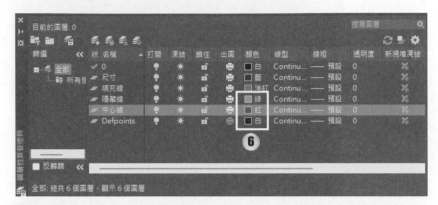

7. 點擊《隱藏線》圖層，按下線型欄位中的英文名稱。

8. 按下【載入】。

9. 選擇【HIDDEN】線型後,按下【確定】來載入虛線。

10. 選擇【HIDDEN】線型後,按下【確定】來指定《隱藏線》圖層的線型。

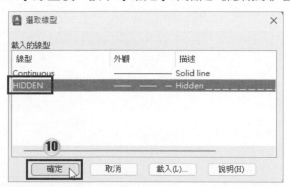

11. 《隱藏線》圖層的線型已變更為 HIDDEN,若之後想變更線型,可再點擊《隱藏線》圖層的 HIDDEN 來變更。

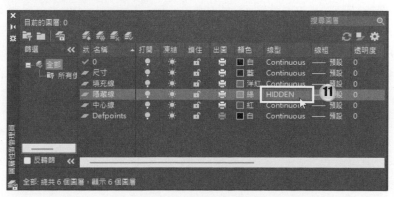

12. 點擊《中心線》圖層的線型。

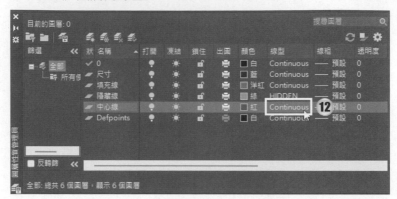

13. 按下【載入】。

14. 選擇【Center】線型後，按下
【確定】來載入中心線線型。

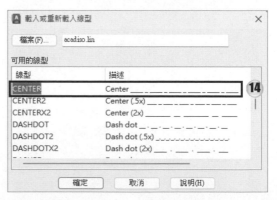

15. 選擇【Center】線型後，按下
【確定】來指定《中心線》圖
層的線型。

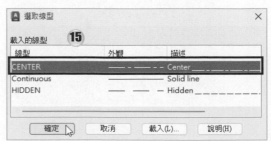

16. 依照上述步驟來變更《中心線》圖層為【CENTER】，如下圖所示。

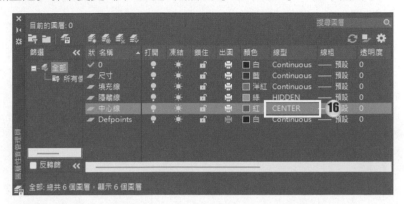

17. 選擇全部的標註。

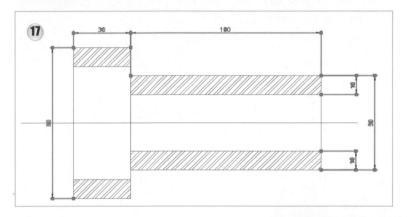

18. 點擊【常用】頁籤 →【圖層】面板 →【圖層】
    的下拉式選單，選擇尺寸圖層。如此一來所
    選取標註會變為尺寸圖層，按下 Esc 鍵取
    消選取物件。

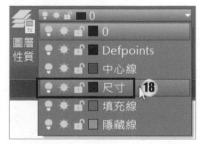

19. 依照上述步驟來變更「隱藏線」圖層、「中心線」圖層，如下圖所示，也就是將物件變更至它所對應的圖層。

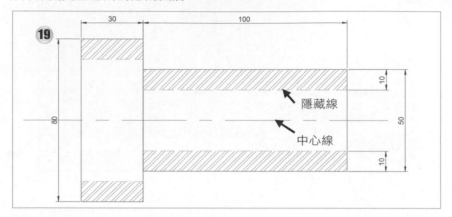

20. 選取兩個填充線。

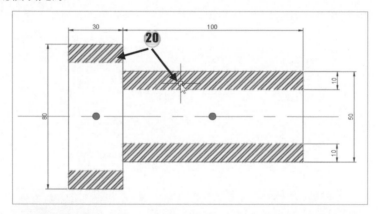

21. 展開【性質】面板。

22. 打開圖層的下拉式選單，變更為【填充線】圖層。按下 Esc 鍵取消選取。

操作說明　凍結圖層

準備工作

● 延續上一小節的圖層來操作。

● 點擊【常用】頁籤 → 【圖層】面板 → 【圖層性質】按鈕。

正式操作

1. 在凍結欄位中，選取名稱欄位《0》以外的圖層，按住 Ctrl 鍵可以加選其他圖層，按下凍結符號，則會從【凍結】圖示從 ☀ 變換為凍結圖示 ❄，此時已凍結名稱欄位為《0》以外的圖層。

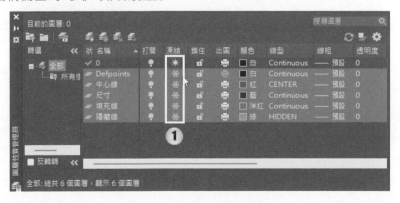

小提醒

1. 當圖層狀態為【打勾 ✅】圖示時，則此圖層為目前層，之後繪製的物件，預設為此圖層。左鍵兩下點擊任一圖層，可以將此圖層設為目前圖層。

2. 目前圖層不能被凍結。

2. 使用複製指令，框選全部圖元，並將圖元向右複製。

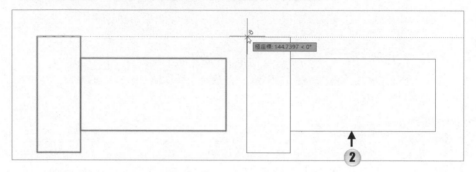

3. 點擊【常用】頁籤 →【圖層】面板 →【圖層性質】按鈕。

4. 在【凍結】欄位中，將所有凍結的圖層開啟為【解凍 ☀️】圖示。

5. 完成圖，被凍結的圖層無法被複製。

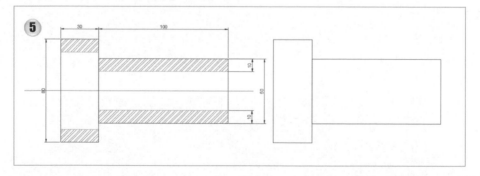

小提醒

凍結圖層是將圖層視為不可見並且無法編輯。

操作說明　關閉圖層

準備工作

● 延續上一小節的圖層來操作。

● 點擊【常用】頁籤 →【圖層】面板 →【圖層性質】按鈕。

正式操作

1. 在打開的欄位中，選取名稱欄位為《尺寸》的圖層，按下打開符號，則會從：【打開】圖示 💡 變換為【關閉】圖示 💡。此時已將尺寸圖層中的物件隱藏起來。

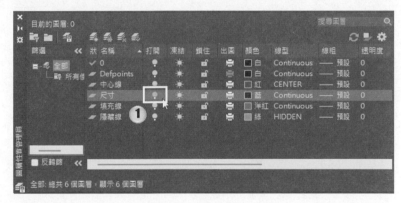

2. 完成圖。

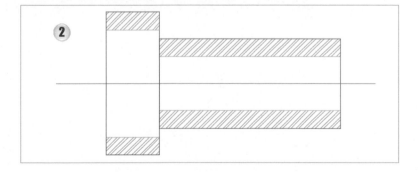

小提醒　關閉圖層會將圖層內的圖元隱藏起來，但按下 [Ctrl] + [A] 全選，可以選取的到已經隱藏的物件。

操作說明 鎖住圖層

準備工作

- 延續上一小節的圖層來操作。
- 點擊【常用】頁籤 →【圖層】面板 →【圖層性質】按鈕。

正式操作

1. 在鎖住欄位中，選取名稱欄位《0》以外的圖層，按下鎖住符號，則會從：【解鎖】圖示 🔓 變換為【鎖住】圖示 🔒 。

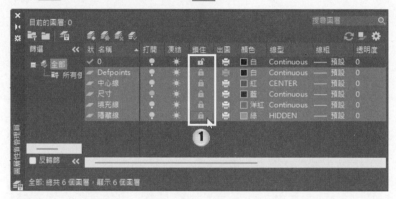

2. 游標停留在《中心線》、《填充線》、《隱藏線》圖層上皆會出現【鎖住】圖示，表示無法編輯。

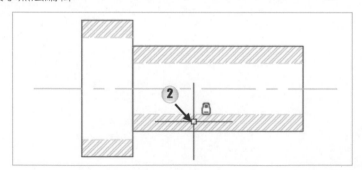

3. 全選所有物件，往下複製，會發現只有沒被鎖住的圖層可以複製。

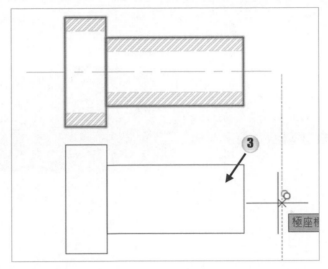

操作說明　圖層與性質

　　性質面板的設定優先於圖層面板的設定，也就是性質面板的設定會蓋掉圖層面板的設定。

準備工作

● 開啟範例檔〈7-1_ex2.dwg〉。檔案中所有線段皆已經設定好圖層，且線型樣式以及顏色皆依據圖層面板所設定的。

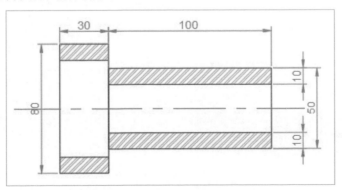

正式操作

1. 全選所有物件，在【常用】頁籤 →【性質】面板 →【顏色】的下拉選單設為「紅色」、【線型】設為「Continuous」。

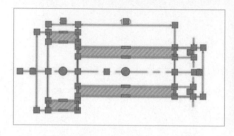

2. 設定完後可以發現所有線段以及顏色皆為性質面板所設定的樣式。因為性質的設定優先於圖層的設定。

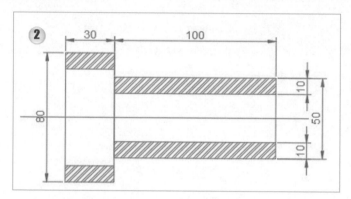

3. 全選所有物件，在【常用】頁籤 →【性質】面板 →【顏色】、【線型】設為「ByLayer」，使物件性質皆依據圖層的設定。

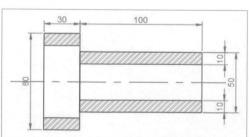

操作說明	隔離選取的圖層

準備工作

● 開啟範例檔〈7-1_ex3.dwg〉。

正式操作

1. 點擊【常用】頁籤 →【圖層】面板 →【圖層性質】按鈕。

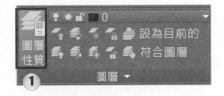

2. 選取《馬桶》的圖層,按下右鍵 →【隔離選取的圖層】,只顯示目前選取的圖層,將其他圖層的燈泡圖示關閉。

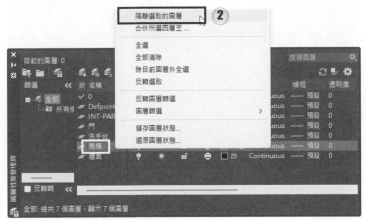

3. 框選所有馬桶,按下右鍵 →【性質】。

4. 可以查詢馬桶圖塊的數量。

 基礎級認證模擬試題

模擬練習一 圖層與性質

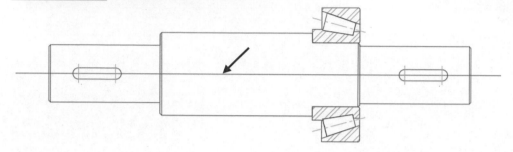

開啟 Shaft.dwg

對於軸的中心線：

- 將線型設定為 ByLayer。
- 將其放在 Hidden 圖層上。

請問哪種線型正確代表軸的中心線？

A. ·····················

B. ———————————————

C. — — — — — — — —

D. —— — · — — — · —

模擬練習二　關閉圖層

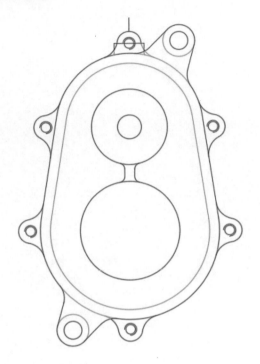

開啟 Component.dwg

若要變更工程圖的外觀以符合影像所示，要關閉哪個圖層。

A. ShaftHatch

B. 短中心線

C. 長中心線

D. Defpoints

| 模擬練習三 | 凍結圖層 |

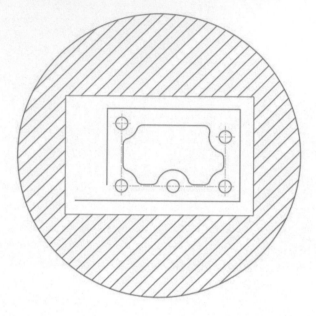

開啟 Gasket.dwg

● 解凍 NOTE（註解）圖層。

工程圖中看得見什麼文字？

A. AUTODESK

B. CAD

C. NOTE

D. AUTOCAD

模擬練習四 圖層物件

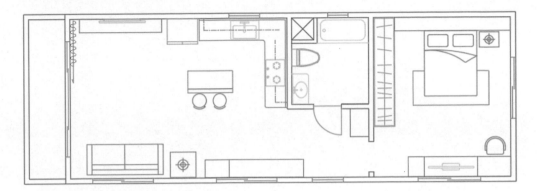

開啟 Home Plan.dwg

請問 Furniture 圖層上有多少物件？

答案提示：##

CHAPTER 8

填充線

本章介紹

介紹填充線的使用方式，填充線用於提示零件內部的材質，容易區分
各零件，使圖面顯示更簡潔易懂。

本章目標

在完成此一章節後，您將學會：

- 填充線的填入方式
- 填充線的比例與角度設定

8-1 | 填充線

指令	HATCH	快捷鍵	H	圖示	
工具列按鈕	常用頁籤 → 繪製面板 → 填充線 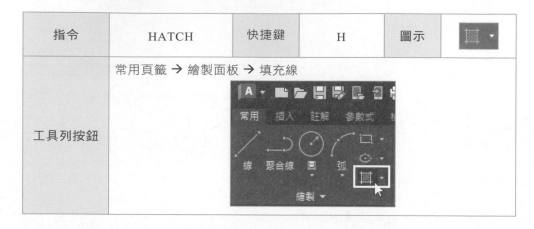				

> ### 填充線頁籤

執行【填充線】指令後，功能區會出現填充線的性質設定。

操作說明　填充線的建立方式

準備工作

● 開啟範例檔〈8-1_ex1.dwg〉，檔案中有一建築立面。

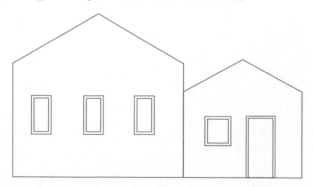

正式操作

1. 點擊【常用】頁籤 →【繪製】面板 →
   【填充線】。

2. 點擊【邊界】面板中的【點選點】。左鍵點擊左側房子內部即可完成填充線。

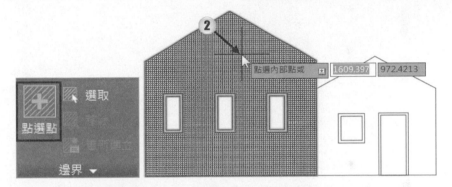

3. 點選功能區【樣式】旁的小箭頭 開啟樣式面板,可以選擇喜歡的樣式做為
   填充線。

4. 選擇【AR-B816】填充線樣式。

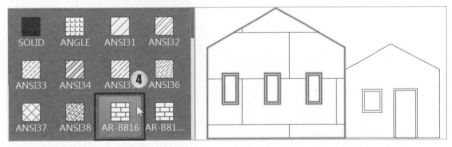

5. 功能區【性質】面板可以調整填充線比例以及角度。

6. 角度與比例修改完如下圖。

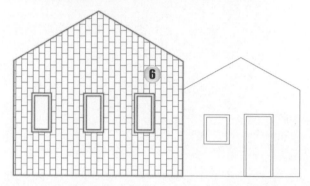

7. 點擊【性質】面板展開。

8. 將【填充線圖層取代】設為「牆面」，使填充線變為牆面圖層。

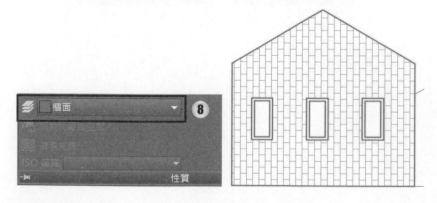

9. 點擊【選項】面板展開。

10. 選擇【外部孤立物件偵測】，此為預設設定。會發現填充線根據邊界填滿，且窗戶不會被填到。

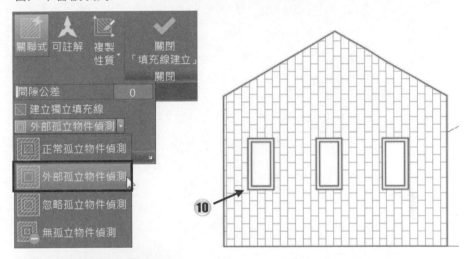

11. 選擇【忽略孤立物件偵測】。會發現填充線忽略窗戶且填滿整個房子。

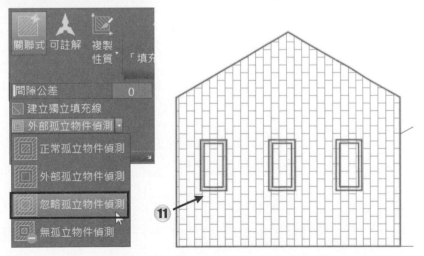

12. 選擇【正常孤立物件偵測】。會發現窗戶的外側與內側有填入，中間層沒有填入。

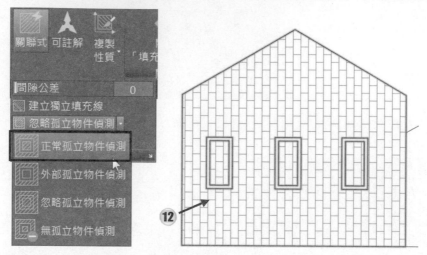

13. 點擊【邊界】面板中的【選取】。

14. 左鍵點擊任一物件即可填充，完成如右圖。

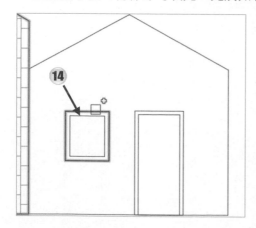
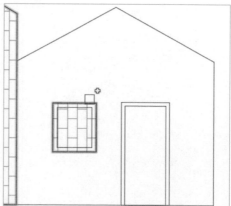

15. 點擊【邊界】面板中的【點選點】。任意點即一個範圍即可填充。

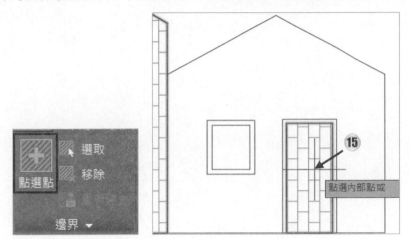

 基礎級認證模擬試題

模擬練習一 填充線

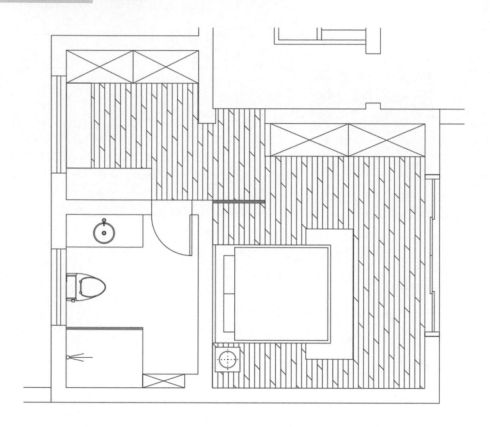

開啟 Building.dwg

若要估算臥室所需的地板數量，請使用以下性質建立一個填充線。

- 圖樣：DOLMIT
- 比例：1.5
- 角度：90

請問圖樣面積是多少？

答案提示：######.####

CHAPTER 9

圖塊

本章介紹

圖塊是各種不同造型的群組組合，通常我們在建立常用的造型後，為了提升繪製效率，會建立由圖塊構成的零件庫，來節省重複造型的繪製時間。可以利用插入圖塊置入型態相同，比例角度不同的類似圖塊。也可以利用外部參考來製作常常需要大量設計變更的圖面。

本章目標

在完成此一章節後，您將學會：

- 圖塊的建立、在圖面中插入圖塊、將圖面中圖塊保存，此為重要的三大圖塊指令。
- 如何建立圖塊屬性編輯器
- 如何建立與編輯外部參考

9-1 | 圖塊的運用

操作說明 建立圖塊

指令	BLOCK	快捷鍵	B	圖示	
工具列按鈕	常用頁籤 → 圖塊面板 → 建立圖塊 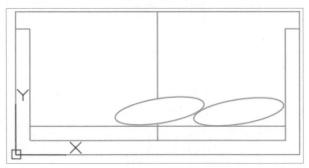				

準備工作

- 繪製物件，如下圖所示，或開啟範例檔〈9-1_ex1.dwg〉。
- 點擊【常用】頁籤 →【圖塊】面板 →【建立圖塊】按鈕。

正式操作

1. 在名稱欄位輸入「雙人沙發」。

2. 按下【點選點】按鈕。

3. 點擊沙發下方的中點來當作基準點。

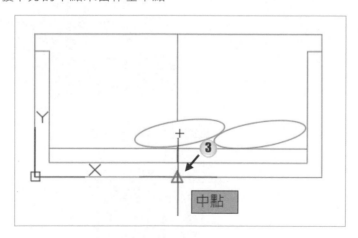

4.　按下【選取物件】按鈕。

5.　選取整個沙發，按下 Enter 鍵
　　來結束選取。

6.　按下【確定】來完成建立圖
　　塊。

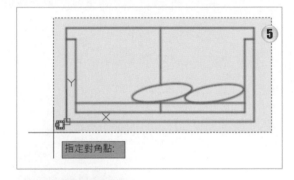

7.　點擊【常用】頁籤 →【圖塊】
　　面板 →【插入】按鈕，並點擊
　　建立好的沙發圖塊。

8. 在圖面上任意點擊要放置的
　　位置。

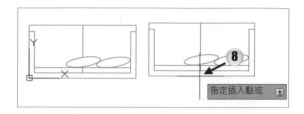

9. 完成圖。

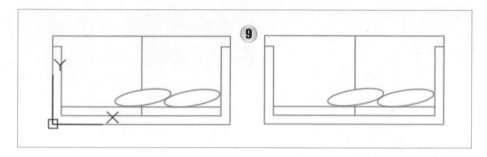

操作說明	插入圖塊

指令	INSERT	快捷鍵	I	圖示	
工具列按鈕	常用頁籤 → 圖塊面板 → 插入【更多選項】按鈕 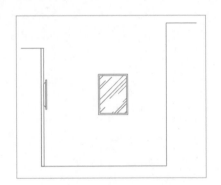				

準備工作

- 開啟範例檔〈9-1_ex2.dwg〉。

正式操作

1. 點擊【常用】頁籤 →【圖塊】面板 →【插入】按鈕，選擇《雙人沙發》。

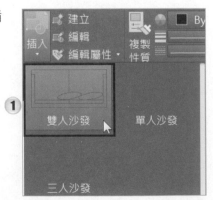

2. 點擊滑鼠左鍵放置沙發圖塊。

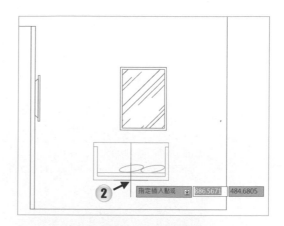

3. 點擊【常用】頁籤 → 【圖塊】
   面板 → 【插入】按鈕，選擇《單
   人沙發》。

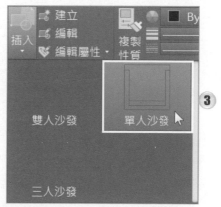

4. 點擊指令列的【旋轉(R)】，或輸入快捷鍵「R」並按下 Enter 。

5. 輸入「180」度，並按下 Enter
   鍵。

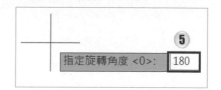

6. 點擊滑鼠左鍵放置沙發圖塊。

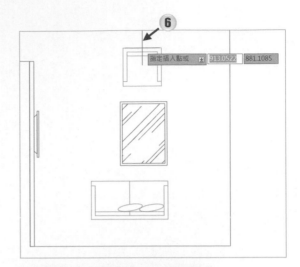

7. 點擊【常用】頁籤 →【圖塊】
面板 →【插入】按鈕，選擇《三
人沙發》。

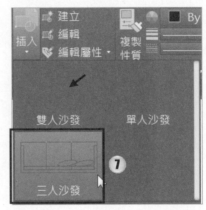

8. 點擊指令列的【旋轉(R)】，旋轉圖塊方向。

9. 輸入「90」度。正角度為逆時
針旋轉，負角度為順時針旋轉。

10. 點擊滑鼠左鍵放置沙發圖塊。

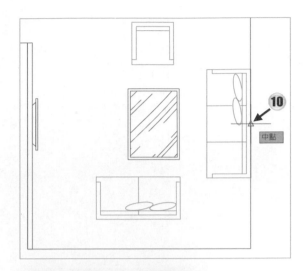

11. 點擊【常用】頁籤 →【圖塊】
面板 →【插入】按鈕 →【最近
使用的圖塊】按鈕，可以開啟
視窗來選擇要插入的圖塊與設
定旋轉角度。

12. 切換到【目前的圖面】，顯示目前圖面已存在的圖塊。

13. 勾選【重複放置】，可以連續放置圖塊。旋轉角度輸入 180 度。

14. 選擇要放置的圖塊。

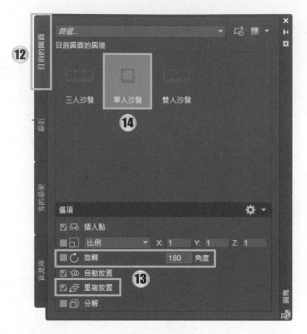

15. 按下滑鼠左鍵放置圖塊，按下 Enter 或 Esc 鍵結束。

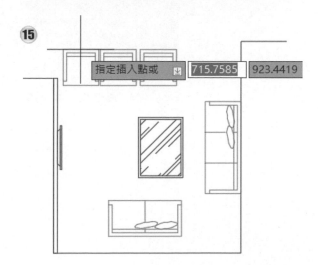

16. 切換到【資源庫】。

17. 點擊【　】，選取範例檔〈索引符號.dwg〉。

18. 可以使用此圖面中的圖塊。

準備工作

● 　延續上一小節檔案，或開啟範例檔〈9-1_ex3.dwg〉。

正式操作

1. 選取畫面的圖塊。

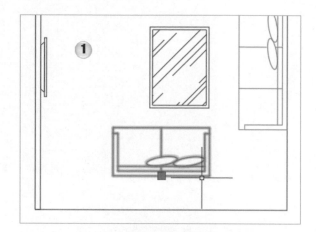

2. 點擊滑鼠右鍵，點選【圖塊編輯器】。

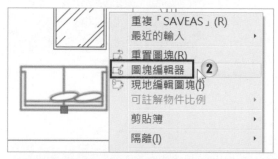

3. 輸入「S」拉伸指令，並框選沙發的上半部分，按下 Enter 鍵來結束選取。

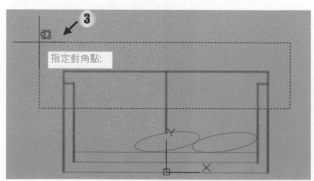

4. 在沙發的右邊的空白處按下滑鼠左鍵，設定基準點的位置。

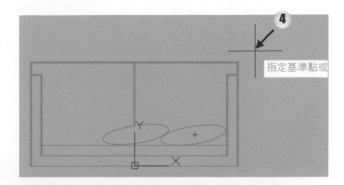

5. 將滑鼠往下移動並輸入拉伸數值「3」，按下 Enter 鍵。

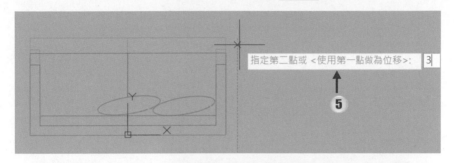

6. 刪除沙發中間的線段與一個抱枕，選沙發右側的線段，游標停留在掣點上，可以得知目前沙發深度為 87cm。

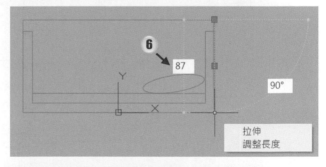

7. 在上方功能區中點擊 → 【關閉圖塊編輯器】，來結束編輯沙發。

8. 在視窗中點擊 →【將變更儲存至雙人沙發】，儲存拉伸後的變更。

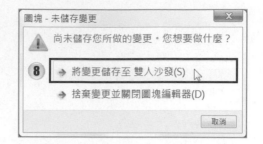

9. 完成圖。

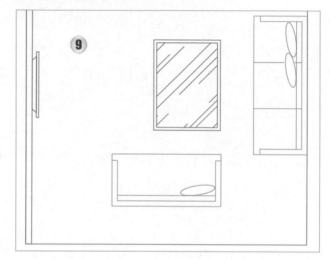

10. 除了在圖塊編輯器裡編輯圖塊，也可以選取圖塊，點擊滑鼠右鍵 → 選擇【現地編輯圖塊】，直接在目前檔案中編輯。

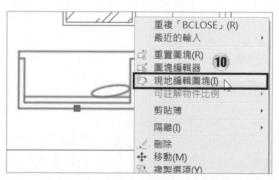

11. 點擊【確定】。

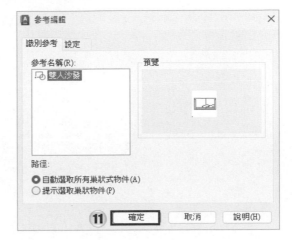

12. 從沙發右下角點往左畫 138 長度的線段，用來將沙發寬度縮小成 138。

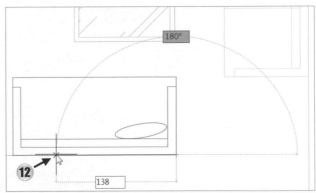

13. 輸入「S」拉伸指令，並框選沙發的左半部分，按下 Enter 鍵來結束選取。

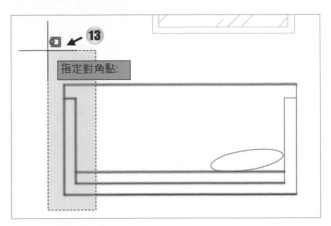

14. 點擊沙發左下角點,設定基準點的位置。

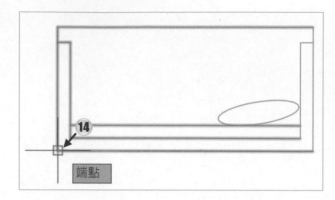

15. 點擊 138 線段的左側端點,指定拉伸位置。

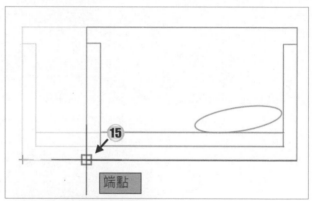

16. 刪除 138 的線段。在上方功能區,點擊【儲存變更】。

17. 點擊【確定】。

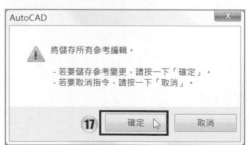

18. 完成圖。

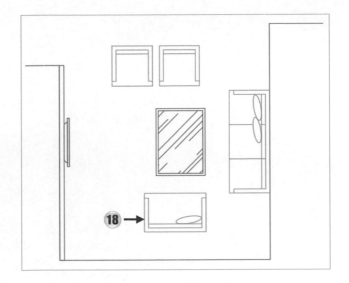

9-2 │圖塊屬性編輯器

指令	ATTDEF	快捷鍵	ATT	圖示	

工具列按鈕	常用頁籤 → 圖塊面板 → 定義屬性 

操作說明　圖塊屬性編輯器的運用

準備工作

- 開啟範例檔〈9-2_ex1.dwg〉。

- 點擊【常用】頁籤 →【圖塊定義】面板 →【定義屬性】按鈕。

正式操作

1. 在標籤欄位輸入「num」。

2. 在預設欄位輸入「1」來當起始數值。

3. 在對正方式的下拉式選單，選擇【正中】。

4. 在文字高度欄位輸入「5」來變更文字大小，點擊【確定】。

5. 將 NUM 插入至符號中心點。

6. 點擊【常用】頁籤 →【圖塊】面板 →
【建立圖塊】按鈕。

7. 在名稱欄位輸入「NUM」。
8. 按下【點選點】按鈕。

9. 點擊圓的中心點來當作基準點後。

10. 按下【選取物件】。

11. 選取整個圖元，按下 Enter 鍵來結束
選取。點擊【確定】完成圖塊。

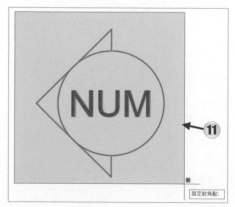

12. 按下【確定】。

13. 將滑鼠移動到圖塊上，並快速點擊左
    鍵兩下。

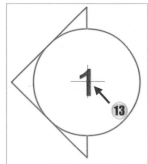

14. 在【值】欄位輸入「5」後，按下【確定】。此步驟可快速更換圖塊內的數值。

15. 完成圖。

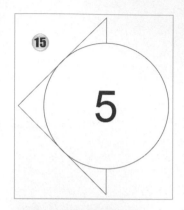

16. 若需要管理圖檔中所有的圖塊屬性，可以點擊
【常用】頁籤 →【圖塊定義】面板 →【管理屬性】
按鈕。（也可以點擊【插入】頁籤 →【圖塊定義】
面板 →【管理屬性】按鈕。）

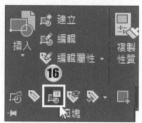

17. 選取要管理的圖塊。
18. 選擇要管理的標籤。
19. 點擊【編輯】按鈕。

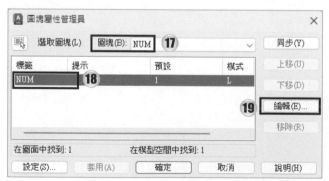

20. 在【文字選項】頁籤 → 【對正方式】下拉選單可以變換文字對正位置。

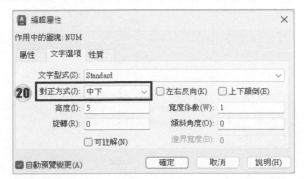

21. 在【屬性】頁籤 → 勾選【不可見】，可以將指定的標籤隱藏，點擊【確定】。

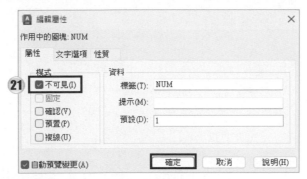

22. 完成圖。若沒有變化，可以按【同步】按鈕。

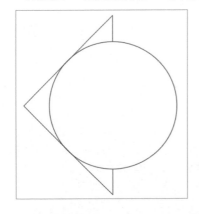

9-3 | 外部參考

指令	XREF	快捷鍵	XR 或 ER	圖示	參考 ▾
工具列按鈕	插入頁籤 → 參考面板 → 外部參考選項板				

外部參考選項板

操作說明 外部參考貼附

準備工作

　　確認沒有重複開啟的範例檔，若重複開啟將使檔案變成唯讀，在之後的操作會
無法儲存檔案。

正式操作

1. 開啟範例檔〈9-3_ex1.dwg〉。
　 檔案中為一個空間的平面視
　 圖。

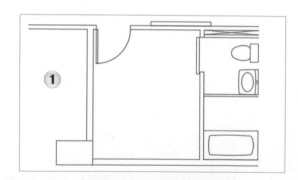

2. 點擊【插入】頁籤 →【參考】面板 →【貼附】。

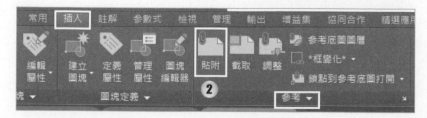

3. 將【檔案類型】更改為【圖檔(*.dwg)】才能看見 CAD 的檔案，選擇「desk」範例檔後點擊【開啟】。

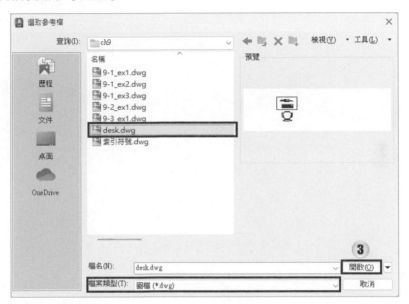

4. 將【旋轉】→【角度】設為「180」可更改物件角度。設定完後點擊【確定】即可。

5. 將書桌任意擺放置空間內。

6. 利用移動指令，點擊書桌下方中點為基準點。

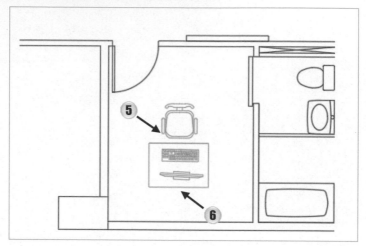

7. 鎖點至下方牆面中點，將書桌移至牆邊。

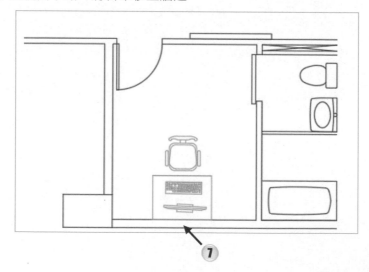

| 操作說明 | **編輯外部參考** |

正式操作

1. 沿用上一小節製作的檔案。

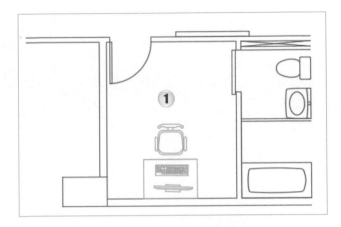

2. 選取外部參考物件（書桌），點擊右鍵 →【開啟外部參考】。

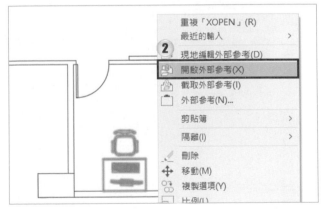

小秘訣

外部參考圖示會比一般圖的顏色還要淡。且選取外部參考後功能區會出現如下圖所示的功能按鈕。

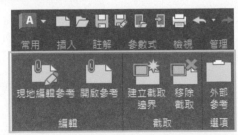

3. 開啟外部參考的 desk 檔案後如
   下圖顯示。

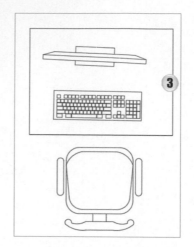

4. 任意旋轉鍵盤或電腦。

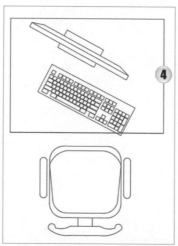

5. 點擊【📄 儲存】將檔案儲存，
   關閉此 desk 檔案。

6. 回到〈9-3_ex1.dwg〉檔案後可
   以發現右下角出現如下圖視
   窗，點擊【重新載入】即可。

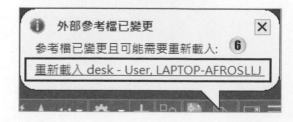

7. 可以發現剛剛旋轉的電腦鍵盤在〈 9-3_ex1. dwg 〉檔案中也已經旋轉。

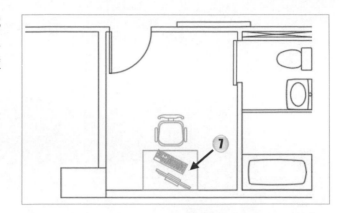

8. 選取外部參考物件（書桌）後，點擊右鍵 →【現地編輯外部參考】即可不用開啟外部參考檔就能編輯。

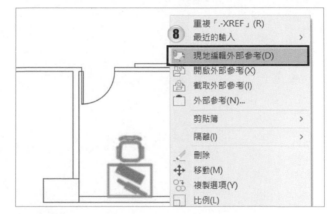

9. 出現下列視窗後點擊確定即可。

若是出現下圖警告視窗,就代表外部參考檔案目前是開啟的,只要將外部參考檔案關閉即可。

關閉 desk 檔案

10. 點擊【常用】頁籤→【修改】面板→【拉伸】。框選書桌左半部並按下 Enter 結束選取,如下圖所示。

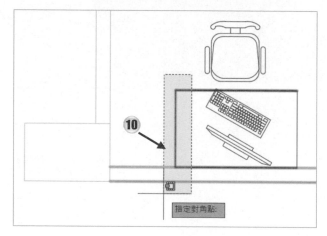

11. 點擊左下角端點作為拉伸基準點。

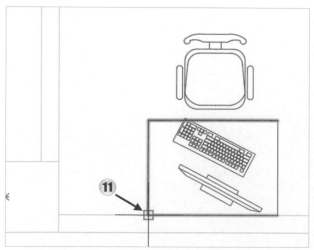

12. 往左拉伸，點擊左下牆角端點，按下 Enter 結束拉伸指令。

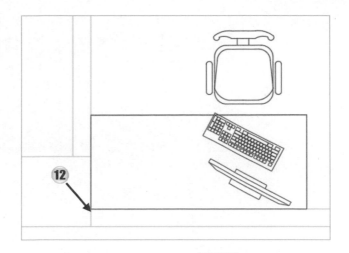

13. 按下空白鍵重複【拉伸】指令，框選書桌右半部並按下 Enter 結束選取。

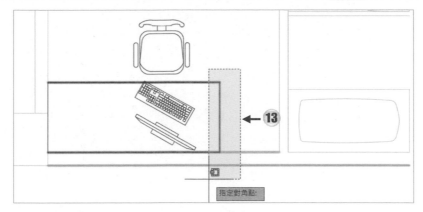

14. 點擊右下角端點作為拉伸基準點（如左圖）。

15. 點擊右下牆角端點，按下 Enter 結束（如右圖）。

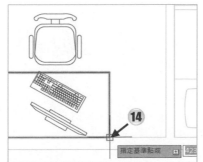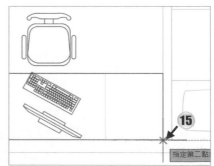

16. 點擊功能區右側【編輯參考】面板 →【儲存變更】即可儲存。

17. 點擊【確定】。

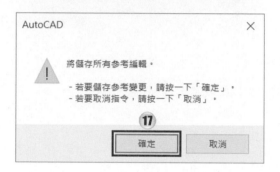

基礎級認證模擬試題

模擬練習一　圖塊

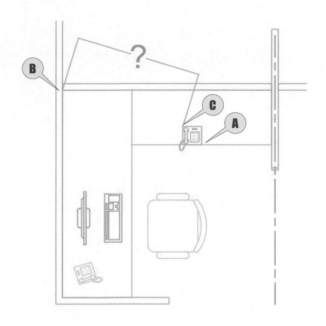

開啟 Office.dwg

- 使用短桌的中點 **A** 做為插入點，將 FNPHONE 圖塊新增至平面圖。

- 設定比例如下：

    - X 比例：20

    - Y 比例：20

請問從長桌左上端點 **B** 到 FNPHONE 左上端點 **C** 的距離是多少？

答案提示：##.##

CHAPTER 10

出圖

本章介紹

此章節的目標為學習標準出圖的流程，介紹如何製作圖面配置，來做有效且正確的出圖方式。

本章目標

在完成此一章節後，您將學會：

- 配置出圖的設定
- 視埠的建立與視埠圖層設定
- 尺寸的可註解比例設定

10-1 | 快速出圖

操作說明

指令	PLOT	快捷鍵	CTRL+P	圖示	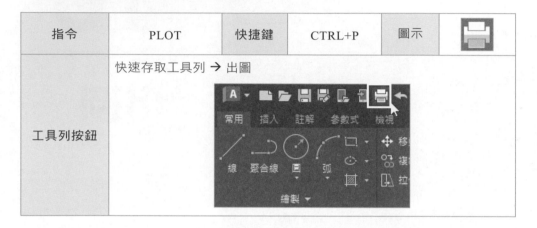
工具列按鈕	快速存取工具列 → 出圖				

準備工作

● 本小節要介紹快速出圖設定，以及出圖內容設定，先開啟範例檔〈10-1_ex1.dwg〉。

正式操作

1. 點擊快速存取區的【🖨】出圖。

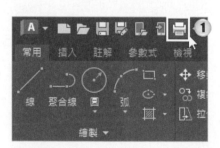

2. 若跳出此視窗，選擇【繼續為單一圖紙進行出圖】。

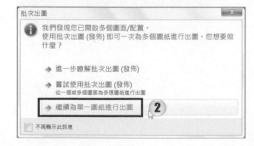

3. 【印表機/繪圖機】選擇【DWG To PDF.pc3】，可列印成 PDF 檔。

4. 【圖紙大小】選擇【ISO A4 (297 x 210 公釐)】。

5. 【出圖內容】選擇【實際範圍】，表示此檔案中所有物件皆會列印，但若是沒有設定合適的出圖比例與置中出圖，也是無法全部顯示。

6. 勾選【置中出圖】，使物件在圖紙中央，旁邊會顯示 X 與 Y 方向的偏移量。

7. 勾選【佈滿圖紙】，自動計算能容納的最適當比例。若列印後，需要從紙張上測量實際圖面比例，則必須自行設定比例。

8. 【圖面方位】選擇【橫式】，若沒看到此欄位，點擊右下角的【 ⊙ 】按鈕可以展開較多選項。

9. 【出圖型式表】選擇【acad.ctb】，可以設定不同顏色的出圖型式。

10. 點擊【套用至配置】來儲存出圖設定。

11. 點擊【預覽】。

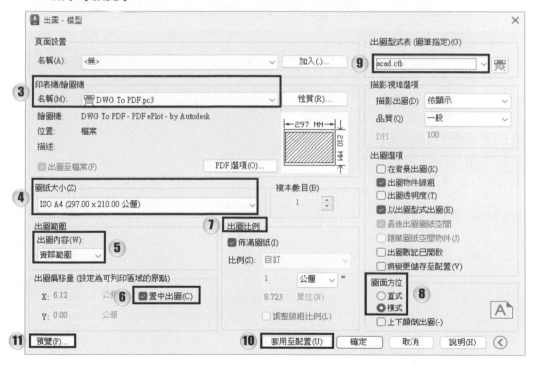

12. 點擊左上角【出圖】按鈕開始列印。

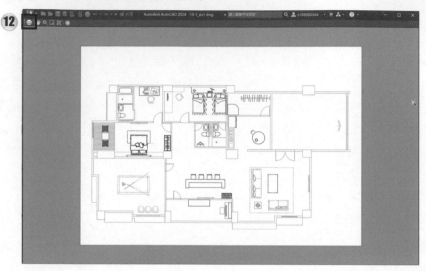

13. 設定 PDF 的檔名
    及儲存位置，點
    擊【儲存】。

14. 按下鍵盤的 Ctrl + P 鍵來出圖。【出圖內容】選擇【視窗】，可以選擇要出
    圖的矩形範圍。

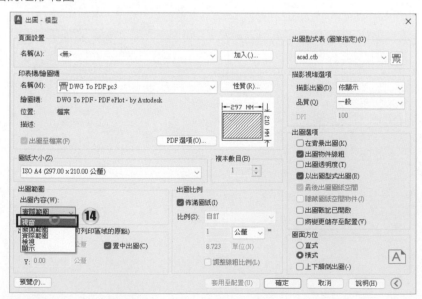

15. 以滑鼠左鍵指定兩個點，決定出圖範圍。

16. 若不滿意可點擊【窗選】修改出圖範圍。點擊【確定】即可出圖。

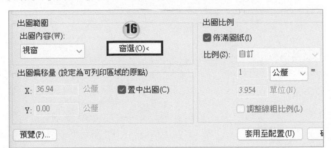

17. 點擊【儲存】，完成出圖。

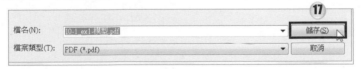

10-2 | 配置出圖

準備工作

- 配置的出圖方式非常適合大量與批次出圖，但操作較為複雜，因此獨立一個章節來說明，請先開啟範例檔〈10-2_ex1.dwg〉。

正式操作

1. 按下滑鼠右鍵，選擇【選項】。

2. 進入【顯示】頁籤，配置元素設定如圖所示。點擊【確定】。

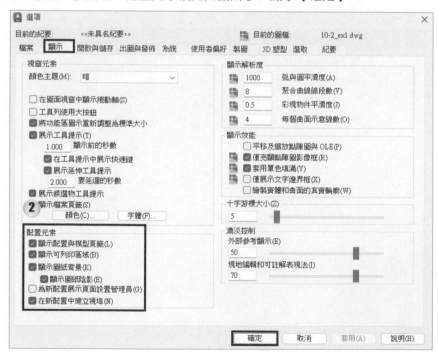

3. 切換到【配置 1】空間。

4. 點擊快速存取區的【🖨】出圖按鈕，或是按下 Ctrl + P 鍵，開啟出圖視窗。

5. 指定印表機/繪圖機的名稱為【DWG To PDF】，此設定可以把 AutoCAD 的圖面列印成 PDF 檔。

6. 圖紙大小選擇【ISO full bleed A4（297x210 公釐）】，ISO full bleed A4 比 ISO A4 的可列印區域還要大一些。

7. 按下【性質】。

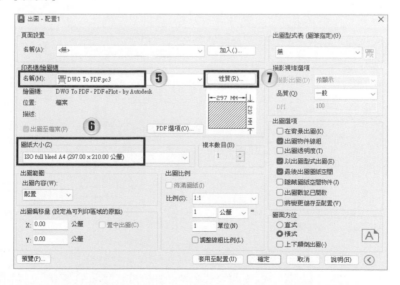

8. 展開【使用者定義圖紙大小與校正】後，點擊【修改標準圖紙大小（可印的區域）】，此動作可以調整圖紙上的列印區域。

9. 選擇目前使用的圖紙【ISO full bleed A4】。

10. 按下【修改】。

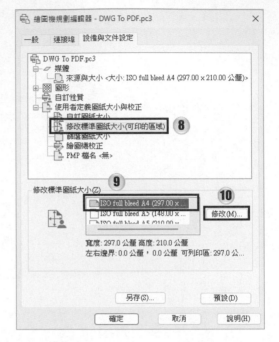

11. 上、下、左、右皆設為「0」，來修改列印邊界為 0，按下【下一步】。

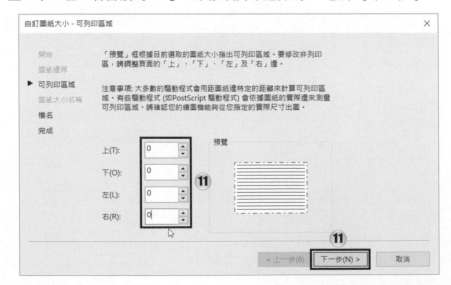

12. 按下【下一步】。

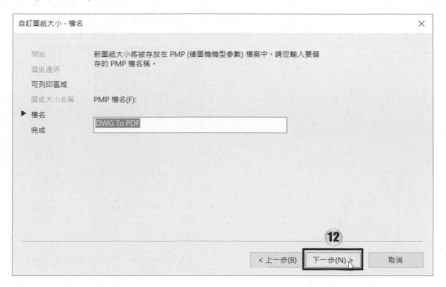

13. 按下【完成】。

14. 按下【確定】。

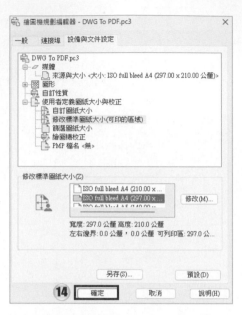

15. 選擇【儲存變更至下列檔案】，
    按下【確定】，以後可不須再設
    定。

16. 確認圖紙大小還是【ISO full
    bleed A4】，出圖內容選擇【配
    置】。

17. 【比例】選擇【1：1】。

18. 點擊右下角的 ⊙ 方向鍵將【較
    多選項】展開。若原本為展開
    狀態便不需要再點擊此按鈕。

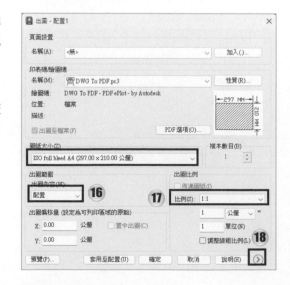

19. 在右上方出圖型式，點擊下拉式選單並選擇【monochrome.ctb】，使列印的線段皆為黑白的顏色。

20. 圖面方位點選【橫式】。

21. 設定完成後，點擊【套用至配置】，將列印的設定儲存。目前還沒有要列印，先點擊【取消】按鈕。

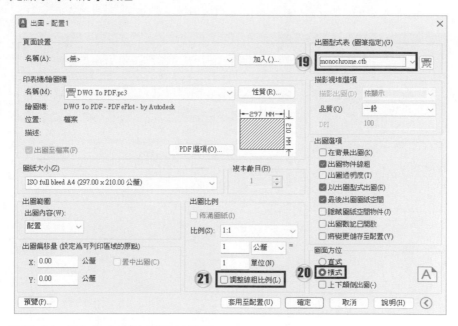

22. 點擊【矩形】指令來繪製圖紙範圍。

23. 輸入「0,0」，按下 Enter 鍵來決定起點位置為原點。

24. 輸入「@297,210」，按下 Enter 鍵來決定矩形大小為 A4 尺寸的圖紙大小。

25. 點擊【偏移】指令，指定偏移距離為「15」，並且將矩形向內偏移建立一個圖框。

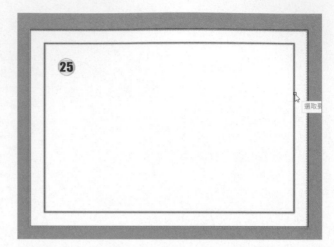

26. 在右下角繪製一個圖框的欄位。

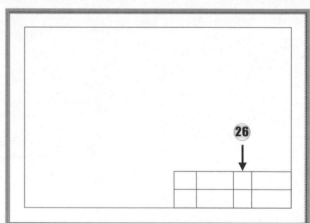

27. 輸入「MV」指令，按下 Enter 鍵來執行視埠指令。視埠像是模型空間的窗口，顯示模型空間的圖面。

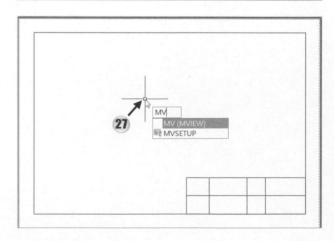

28. 在標題欄框左上角,指定視埠的第一點。

29. 在標題欄框右下角,指定視埠的第二點。

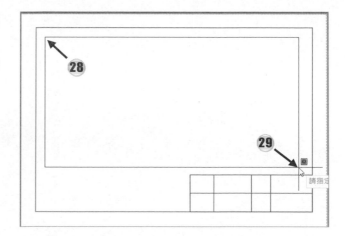

30. 滑鼠左鍵點擊視埠內側兩下,可以進入編輯模式,前後推動滾輪可將圖面放大或縮小。

31. 編輯完成後,在視埠外側空白處點擊兩下即可離開編輯模式。

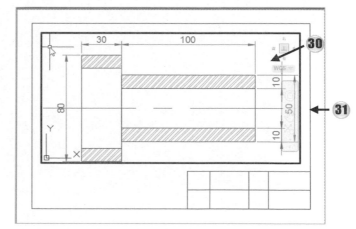

32. 選取視埠外框後,在下方狀態列中點擊視埠比例。

33. 點選「1：1」，設定圖紙與實際圖面的比例。（舉例來說，比例 1：2 表示在圖紙上拿尺測量 1 單位，實際長度是 2 單位）

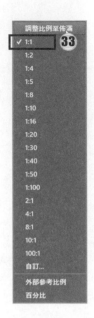

34. 按下 Ctrl + P 鍵，開啟出圖視窗，選擇【確定】出圖。

35. 指定儲存的位置，按下【儲存】。

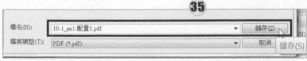

36. 完成圖。

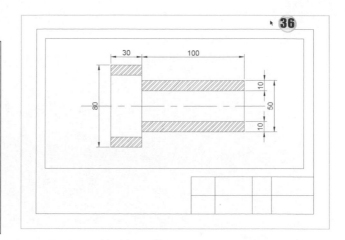

小提醒	如果列印出來的結果有部分未出現，表示圖紙的左下角並不在 0,0 的位置上，應將圖紙移動修正，也可以利用出圖視窗中的【出圖偏移量】來做微調。

操作說明 **視埠的圖層設定**

1. 點擊【常用】頁籤 →【圖層】面板 →【圖層性質】按鈕，開啟【圖層性質管理員】，建立一個新的圖層，名稱為「視埠」。

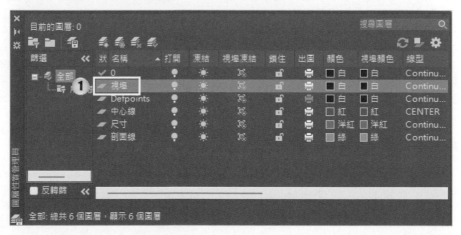

2. 點擊視埠圖層中的【出圖】欄位，此時會出現禁止符號的圖示，表示出圖時將不會出現此圖層的物件。

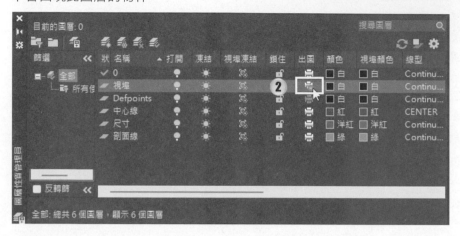

3. 點擊【配置一】的視埠。

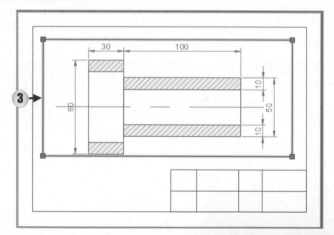

4. 點擊【圖層】的下拉式選單 →【視埠】圖層，將此視埠設定為視埠圖層，不會被列印出來。

5. 按下 Ctrl + P 鍵開啟出圖視窗,點擊【確定】出圖,指定儲存的位置,按下
【儲存】,完成的 PDF 檔將不會出現視埠的外框,如下圖。

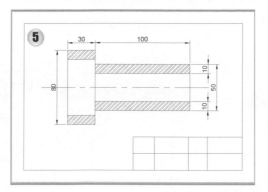

操作說明 視埠取代

1. 延續上一小節檔案,點擊【配置】頁籤 →【配
置視埠】面板 →【矩形視埠】指令,建立新
視埠做比較。

2. 滑鼠左鍵點擊兩個點,指定視埠位置。

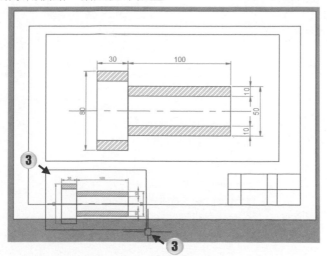

3. 並在上方的視埠內側點擊左鍵兩下，編輯視埠。

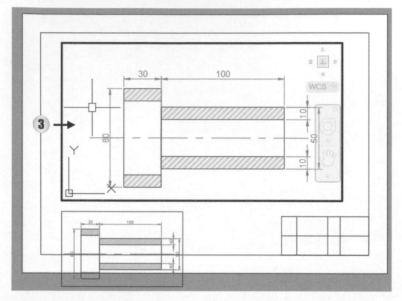

4. 點擊【常用】頁籤 →【圖層】面板 →【圖層性質】按鈕，點擊中心線的「視
   埠透明度」。

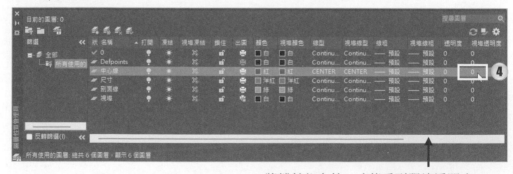

將捲軸往右拉，才能看到視埠透明度

5. 將視埠透明度變更為「90」，並按下確定。

6. 點擊尺寸的「視埠透明度」，將視埠透明度變更為「90」，並按下確定。

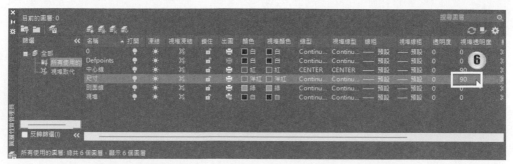

7. 完成圖，只在目前的視埠中，尺寸跟中心線的顏色都已經變淡。

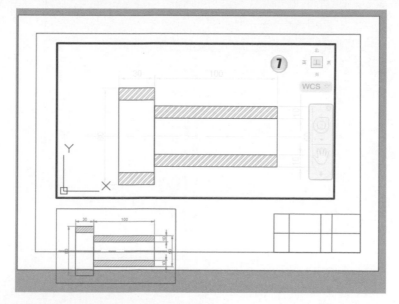

8. 圖層管理員會出現【視埠取代】的分類。

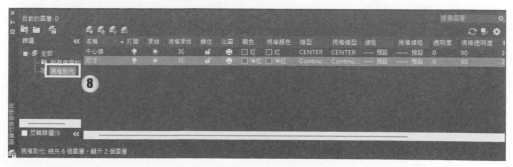

9. 在視埠外側空白處，點擊左鍵兩下，可以離開視埠。

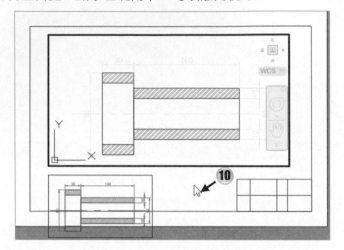

10. 若要調整視埠大小，點選視埠框，點擊藍色掣點可以拉伸外框。（也可以利用【旋轉】或【移動】指令，移動或旋轉整個視埠框）

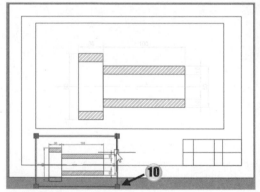

11. 若要刪除視埠，選取視埠框並按下 Delete 鍵即可刪除，完成圖。

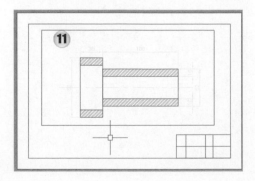

操作說明 **複製與刪除配置**

1. 在【配置 1】上點擊滑鼠右鍵 → 選
   擇【移動或複製】。

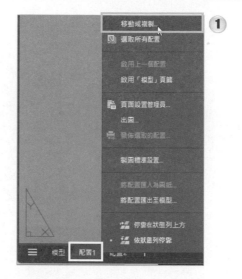

2. 選擇【移到最後】，可以移動配置。
3. 勾選【建立副本】，可以複製配置。
4. 點擊【確定】。

5. 完 成 圖 ， 在 最 後 面 新 增 了 配
   置 1 (2)】。

6. 在【配置 1 (2)】上點擊左鍵兩下，
   可以修改名稱，輸入「複製配置」。

7. 在旁邊空白處點擊左鍵，完成更名。

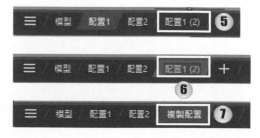

8. 在【配置 1 (2)】上點擊滑鼠右鍵，
   選擇【刪除】刪除配置。

9. 點擊【確定】刪除配置。

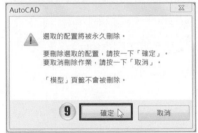

操作說明　批次出圖

1. 批次出圖是指一次列印大量的圖紙，是配
   置出圖重要的功能。首先開啟範例檔
   〈10-2_ex2.dwg〉。

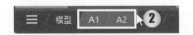

2. 在畫面左下角，點擊【A1】配置，按住 Ctrl
   鍵再點擊【A2】配置，可以同時選取兩個
   配置。

3. 點擊滑鼠右鍵，選擇【發佈選取的配置】，
   就可以同時列印 A1 與 A2 配置。

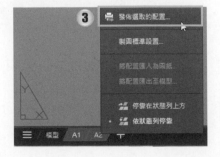

4. 【發佈至】的下拉選單選擇【PDF】，使圖紙合併為一個 PDF 檔。

5. 取消勾選【包含出圖戳記】與【在背景中發佈】。

6. 點擊【發佈】。

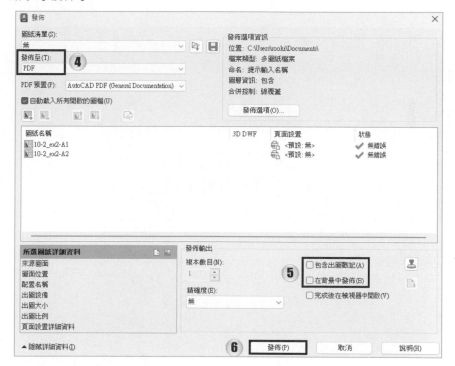

7. 設定要儲存 PDF 的資料夾位置，點擊【選取】開始出圖。

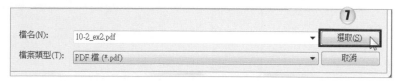

10-3 │ 可註解比例

操作說明 可註解比例

- 開啟範例檔〈10-3_ex1.dwg〉。

正式操作

1. 在畫面左下角中，點擊
   【配置 1】。

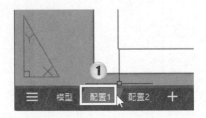

2. 在視埠中間點擊滑鼠兩
   下，進入編輯視埠的畫
   面中。

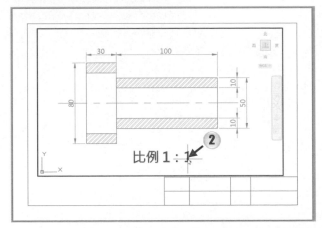

3. 點選文字「比例 1:1」，
   按下滑鼠右鍵點擊「性
   質」。

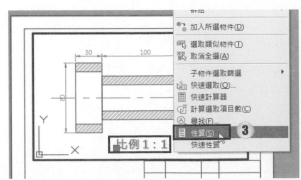

4. 確認目前高度為 10，性
   質面板不用關閉。

5. 點擊下方狀態列的「視
   埠比例」，並將比例調
   整為【1：2】。

6. 再選取文字「比例 1：1」，在性質面板中發現即時畫面縮小，高度依然為 10。

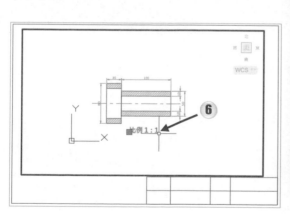

7. 選取文字「比例 1：1」，點擊【常用】頁籤→【修改】面板 →【變更空間】按鈕，文字會從模型空間移動到配置空間，並離開視埠編輯模式。

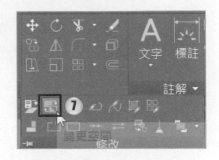

8. 選取文字「比例 1：1」，在性質面板中，文字高度縮小變成 5。

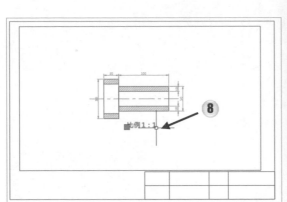

9. 在畫面左下角，點擊【模型】，回到模型空間。發現文字「比例 1：1」已經不在模型空間。

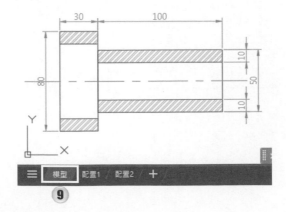

基礎級認證模擬試題

模擬練習一 視埠比例

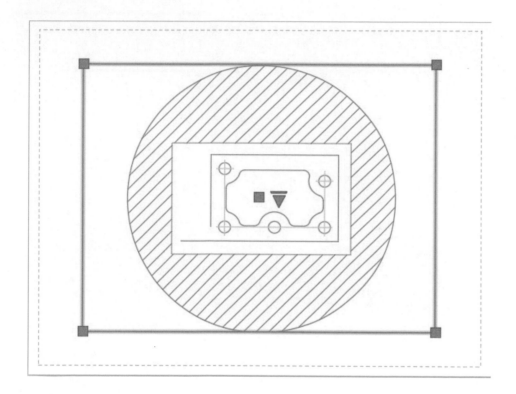

開啟 Gasket.dwg

在 Layout1 配置中,您使用什麼視埠比例來縮放視埠,使其類似於上圖顯示的列印預覽?

A. 1:1

B. 1:20

C. 1:30

D. 100:1

模擬練習二　出圖範圍

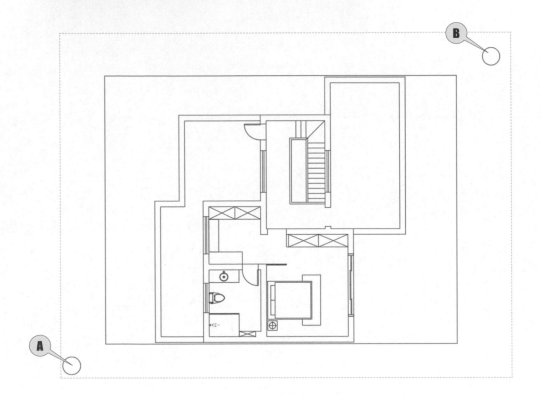

開啟 Building.dwg

- 啟用 Floorplan（平面圖）配置頁籤。
- 使用圓心 **A** 和圓心 **B** 來視窗出圖。
- 置中出圖。
- 使用所有其他預設值。

請問出圖偏移量 Y 的值是多少？

答案提示：##.##

Autodesk 原廠
國際認證簡介

A-1 │ 關於 Autodesk 國際認證

　　Autodesk 國際原廠認證通行全球，為業界廣泛認可的專業國際認證，跨越建築工程、製造業、基礎設施、傳媒娛樂等百種行業。此認證須操作 Autodesk 軟體執行建立、修改與查詢資料檔案，並完成指定工作，進而解出問題的答案。考試後會收到綜合的成績報告，透過進行認證可以瞭解對該領域所需加強的部分。

　　Autodesk Certified User（ACU）原廠國際認證優勢：

- 由 Autodesk 原廠專家出題，題目最符合原廠軟體設計角度
- 本土中文化考題，最符合本地軟體、業界使用習慣
- 全球連線即測即評系統
- 真正原廠核發證照
- 真正跨國的國際證照

A-2 ｜ Autodesk ACU 認證科目

一、考試版本

Autodesk 系列國際認證考試目前適用 2021~2023 軟體版本，惟 Fusion 360 認證考試，不須安裝 Fusion 360 軟體。

註：詳細考試版本及考試資訊依原廠公告資訊為準。

二、考科資訊

1. 能力檢測

考試科目	能力檢測	
AutoCAD	1.繪製物件 2.鎖點功能 3.修改物件 4.組織物件	5.圖塊 6.文字 7.布置和列印
3dsMax	1.建模 2.物件管理 3.攝影機 4.燈光	5.動畫 6.彩現 7.使用者介面
Maya	1.建模 2.物件管理 3.攝影機 4.燈光	5.動畫 6.彩現 7.使用者介面
Revit for Architecture	1.創建元件與編輯元件 2.建模與修改元素 3.塑型	4.視景管理 5.文件管理
Inventor	1.專案檔 2.使用者介面 3.測量工具 4.草圖設計 5.特徵設計	6.鈑金零件 7.組合約束 8.簡報設計 9.工程圖檔

考試科目	能力檢測	
Fusion 360	1.草圖繪製 2.約束控制 3.特徵修改、複製 4.建構平面設定 5.零件連結	6.尺寸標註 7.造型調整

2. 考試題型

- 觀念選擇題：針對軟體核心觀念進行測驗

- 圖面點選題：熟悉軟體操作介面、標示圖面特殊位置

- 實例操作題：對資料檔案的編輯、修改、查詢能力檢定
  （考科之出題比例，依各考科不同而有差異）

3. 測驗標準

- 測試時間：50 分

- 考試題目：30 題（Fusion 360 為 40 題）

- 滿分：1000 分

- 及格標準：700 分

4. 電子證書

　　考生可於考試完成後自行於系統線上下載個人證書，電子證書亦有個人專屬防偽證書識別碼，直接列入原廠人才資料庫。

5. 數位徽章

　　透過數位徽章可以識別個人獲得原廠認證的肯定，是一種從紙本證書轉換成數位化的標準方式。在就業市場裡，雇主可以透過國際公證單位 Acclaim 所頒發的數位徽章，驗證員工或求職者所獲得原廠認可的能力，並可應用於個人社群與名片。

A-3 ｜ Autodesk 原廠國際認證註冊流程

一、授權考試單位

欲參加 Autodesk 原廠國際認證之考生，請至以下單位辦理報考：

- 校園認證中心：建置於學校系所內，專門辦理學生認證考試事宜。
- 授權考試中心：提供社會人士、專業人士進行認證考試事宜。
- 個人應試亦可至碁峰資訊官網預約考試 www.gotop.com.tw。

二、應試注意事項

考試前請詳閱以下注意事項，以協助您順利完成考試。

1. 帳號註冊：Autodesk 原廠證為線上考試，需憑帳號登入應試，故請務必於應考前於 Certiport 原廠網頁（www.certiport.com）註冊，以免影響考試當天作答時間。

2. 帳號密碼：新考生請記住註冊帳號密碼，舊考生請於應考前測試帳號密碼是否可用。

3. 身份驗證：請於開考前十分鐘到場，並攜帶證件以利監考人員核對考生身份；未攜帶證件者不得應試。考試時間開始逾二十分鐘未入場者，即喪失應考資格。

4. 輸入法確認：請考生確認自己使用的輸入法，先做切換的動作。以免影響作答時間。

5. 年齡限制：考生需年滿 14 足歲方可參加 Autodesk 各考科認證考試。

6. 通過與否：檢定分數、通過與否以系統顯示為準。

7. 確認成績：考試完成後，請勿立即離開電腦，務必立即登入 Certiport 網站查詢成績，確定成績是否上傳成功。

8. 電子證書：如果通過認證考試，請自行登入 Certiport 網站下載電子證書。

9. 重考：若未通過考試，需另行購買試卷，並依照原廠規定間隔時間過後方可重新考試。

三、帳號註冊

1. 請先登入於 Certiport 原廠網站註冊（https://www.certiport.com）

   新考生應於應試前至 Certiport 認證平台網站 www.certiport.com 註冊個人資料，請謹慎設定使用者帳號、密碼與個人姓名資料，以免影響自身權益。

2. 註冊頁面如下：（頁面若有變動，以註冊時之頁面為準）

3. 點擊右上角【Login/Register】按鈕

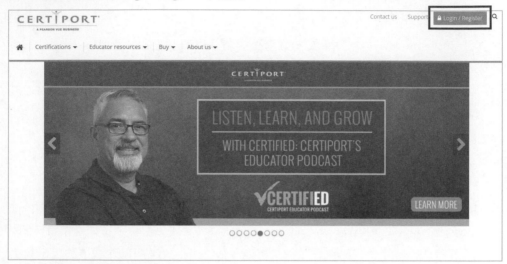

4. 點擊右側【註冊】按鈕

5. 於國家/地區選擇【Taiwan】，勾選【I Agree】同意條款，必要時進行人機身分認證

6. 輸入個人資料，請注意姓名日後無法任意修改，此亦為電子證書上顯示之姓名

7. 輸入 Email、住址（可輸入中文）

CERTIPORT
A PEARSON VUE BUSINESS

一般使用者註冊

- ✓ 歡迎使用 Certiport
- ✓ 帳戶設定
- ▶ 個人資訊
- 設定檔
- 選擇 A 用途
- 摘要

連絡資訊

如果您忘記您的帳戶(使用者名稱)或密碼，則需要使用您的電子郵件地址來傳送 Certiport 官方正式通訊文件。

電子郵件：*
Confirm Email: *
電話：
身分證號碼：

☐ 允許 Certiport 透過電子郵件連絡我。

郵寄地址

國家/地區：　　　Taiwan

CERTIPORT
A PEARSON VUE BUSINESS

WWW WWW

第 1 行：*
第 2 行：
城市：*
郵遞區號：*

備用地址 (可省略)

若您希望將證書或其它官方物品寄送至以上列出的"郵寄地址"之外的地址，請指定備用地址。

☐ 指定備用地址

◀ 上一頁　下一步 ▶　取消

8. 回答個人相關資訊

CERTIPORT
A PEARSON VUE BUSINESS

一般使用者註冊

- ✓ 歡迎使用 Certiport
- ✓ 帳戶設定
- ✓ 個人資訊
- ▶ 設定檔
- 選擇 A 用途
- 摘要

請問您目前具備學生身分嗎(包括半日或全日)?*
　○ 是
　○ 否

請問您現在是否有工作?*
　○ 是
　○ 否

性別
　○ 男
　○ 女

◀ 上一頁　提交　取消

9. 勾選【參加考試或準備考試】項目

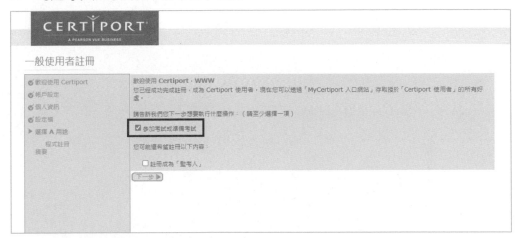

10. 點選 Autodesk 後方的【註冊】按鈕

11. 回答相關問題，並點擊【保密協定】連結

12. 點擊【是，我接受】按鈕

13. 點擊【下一步】按鈕

14. 點擊【完成】按鈕，完成註冊

四、考試中注意事項

1. 請勿先開啟 Autodesk 軟體，由 Compass 考試系統來開啟。

2. 考題位置（以 AutoCAD 為例）：

   AutoCAD 考題檔案位置 C:\Autodesk Exams\<考科名稱>

3. 考試過程不需存檔，若不小心存檔想回覆原始狀態，可點選考卷左上角 "重新整理檔案"。

4. 盡量使用複製（Ctrl+C）、貼上（Ctrl+V）的方式將答案貼入答案欄位，以減少錯誤發生。

5. 回答的欄位內輸入不分英文大小寫，但空白須正確輸入。

6. 回答的欄位內不可輸入中文。

A-4 │ Autodesk 原廠國際認證考試流程

一、考試流程

1.　執行桌面上的 Compass 考試程式捷徑

2.　輸入上一章節所註冊申請的考試帳號

3.　以下頁面依照監評人員指示操作

4. 選取考試科目

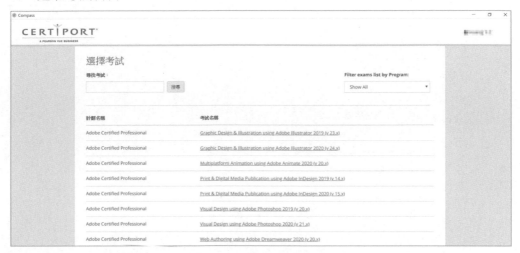

5. 您已可以使用搜尋的方式快速篩選出考試科目

6. 請確認考生姓名、考科。並由監評人員輸入監評的帳號密碼以解鎖考卷

7. 系統會自動開啟考科對應的軟體（下面以 AutoCAD 考試為例）

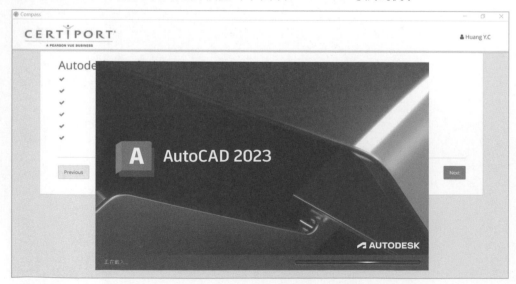

8. 點擊【下一步】，進入考試流程

9. 點擊【繼續】按鈕

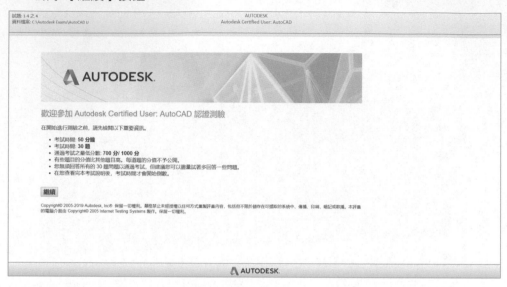

10. 請回答考前問卷，回答完請點擊【下一步】

11. 請詳閱考試說明

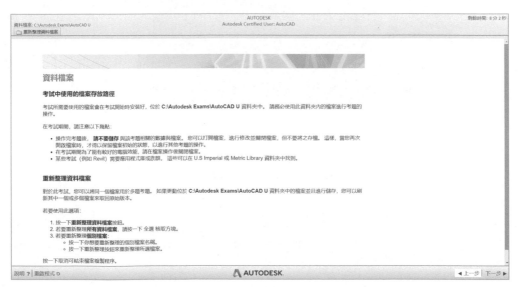

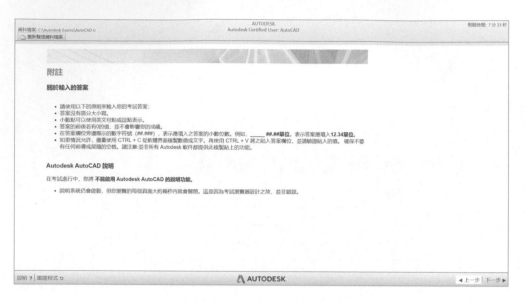

附註

關於輸入的答案

- 請使用以下的原則來輸入您的考試答案:
- 答案沒有區分大小寫。
- 小數點可以使用英文句點或逗點表示。
- 答案的前後若有0的值,並不會影響您的成績。
- 在答案欄位旁邊顯示的數字符號 (##.###) ,表示應填入之答案的小數位數。例如,_____##.##單位,表示答案應填入12.34單位。
- 如果情況允許,盡量使用 CTRL + C 從軟體界面複製數值或文字。再使用 CTRL + V 將之貼入答案欄位,並請鍵盤貼入的值。確保不要有任何前導或尾隨的空格。請注意:並非所有 Autodesk 軟件都提供此複製貼上的功能。

Autodesk AutoCAD 說明

在考試進行中,您將 **不能啟用 Autodesk AutoCAD 的說明功能**。

- 說明系統仍會啟動,但您瀏覽的每個頁面大約幾秒內就會關閉。這是因為考試測驗器設計之故,並非錯誤。

檢閱問題和退出考試

檢閱問題

「檢閱螢幕」會在測驗的最後一個問題之後顯示。您可以返回加註標記的問題,更仔細地檢閱問題。

下表提供檢閱螢幕的概述。

功能	概述
已標記	這是標記的問題在檢閱螢幕答案格線中的顯示方法。
已回答	這是已完成的問題在檢閱螢幕答案格線中的顯示方法。
檢視標記問題	此位於導覽面板中的按鈕,可讓您快速檢閱標記的問題。
檢視所有問題	此位於導覽面板中的按鈕,可讓您快速檢閱所有問題。
檢視未完成問目	此位於導覽面板中的按鈕,可讓您快速檢閱未完成的問題。
返回 《	此位於導覽面板中的按鈕,可讓您返回上一個看到的螢幕。
提交 ◀	此位於導覽面板中的按鈕,可讓您提交答案進行評分。

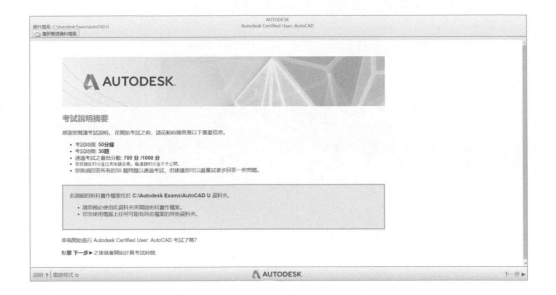

二、開始考試

1. 畫面說明如下（請注意：必須看到題目後，才能在操作檔案路徑內找到操作的
    題目）

題數、操作檔案存放位置檔案　　　　　　　　　剩餘時間（時間到會自動交卷）

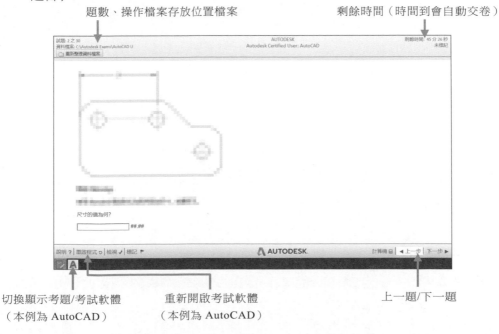

切換顯示考題/考試軟體　　　　重新開啟考試軟體　　　　　　　上一題/下一題
（本例為 AutoCAD）　　　（本例為 AutoCAD）

2. 最後出現的總表，可以檢視每題的狀態，您可以點擊認一題號快速跳到該題目
繼續作答。若要交卷，請點擊右下角的【提交】按鈕

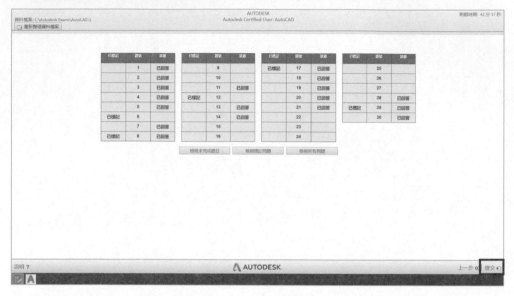

3. 點擊【提交】按鈕交卷後，會出現確認視窗，若確定要交卷，請點擊【確定】
按鈕

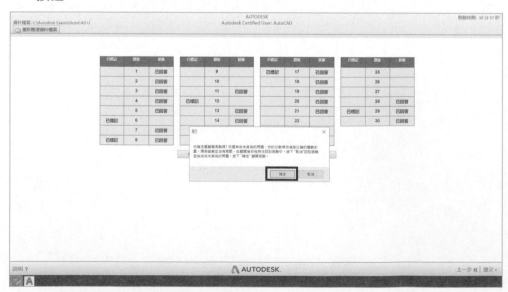

4. 回答考後問卷

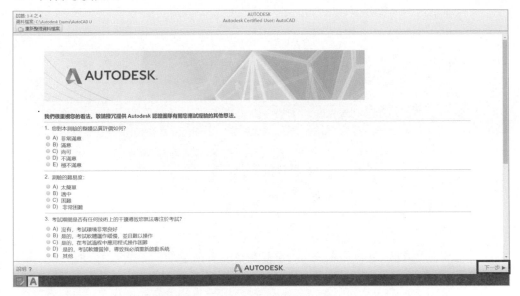

5. 點擊右下角【結束】按鈕

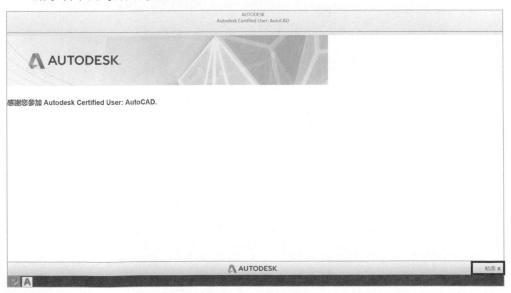

6. 電腦螢幕畫面會立刻跳出顯示各項能力指標的得分百分比成績單（看到成績單才算完成考試）

三、電子證書下載

通過認證考試後，考生可以自行在 Certiport 網站查詢、下載個人的電子證書。

1. 以您應考時使用的帳號密碼，登入 Certiport 網站：www.certiport.com

2. 選擇網頁上「My Transcript」頁籤

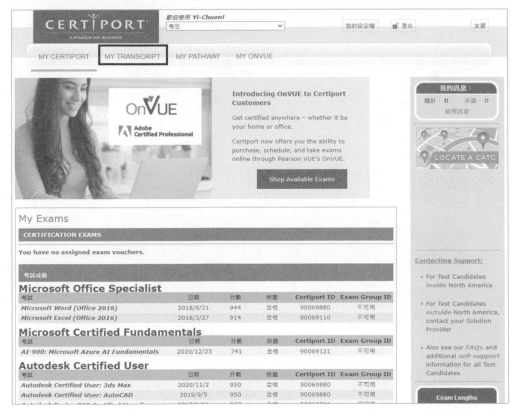

3. 選擇您要下載的證照科目後方的「PDF」按鈕。點擊【分數報表】則可檢視考試完成時顯示的成績單

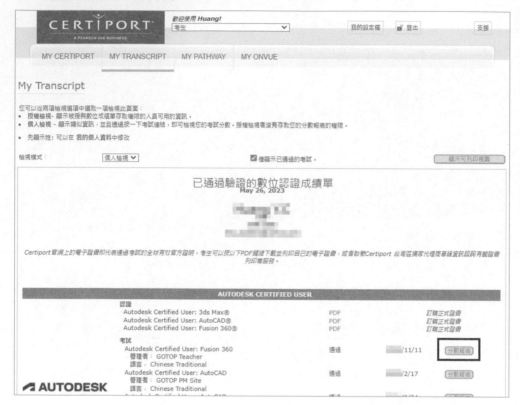

4. 將滑鼠移到證書上緣，會出現下載與印表機按鈕，您可以選擇下載證書電子檔，或直接由印表機列印輸出

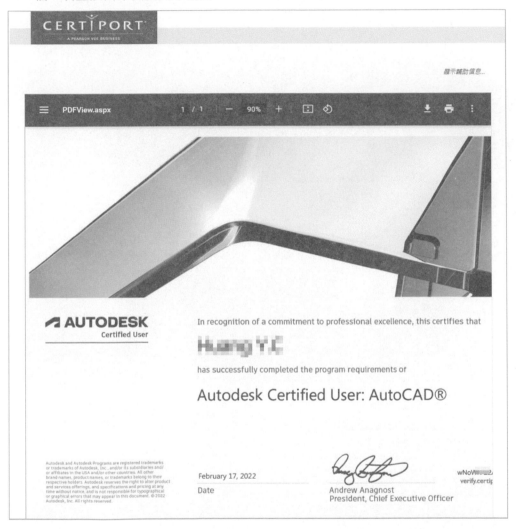

【**重要聲明**】本書內容之圖片、商標、網頁（包括，但不限於）之所有權均屬原廠商所有，有任何修改不另行通知。

Autodesk AutoCAD 電腦繪圖與輔助設計(適用 AutoCAD 2021~2024 含國際認證模擬試題)

作　　　者：邱聰倚 / 姚家琦 / 劉庭佑
企劃編輯：石辰蓁
文字編輯：江雅鈴
設計裝幀：張寶莉
發 行 人：廖文良

發 行 所：碁峰資訊股份有限公司
地　　　址：台北市南港區三重路 66 號 7 樓之 6
電　　　話：(02)2788-2408
傳　　　真：(02)8192-4433
網　　　站：www.gotop.com.tw
書　　　號：AER060100
版　　　次：2024 年 01 月初版
建議售價：NT$560

國家圖書館出版品預行編目資料

Autodesk AutoCAD 電腦繪圖與輔助設計(適用 AutoCAD 2021~
20240，含國際認證模擬試題) / 邱聰倚, 姚家琦, 劉庭佑著. --
初版. -- 臺北市：碁峰資訊, 2024.01
　　面 ;　　公分
　ISBN 978-626-324-680-5(平裝)
　1.CST：AutoCAD(電腦程式)　2.CST：電腦繪圖
312.49A97　　　　　　　　　　　　　　　112018669